【東大塾】

水システム講義

持続可能な水利用に向けて

古米弘明・片山浩之 ❖ 編

東京大学出版会

Public Lectures on water systems for sustainability
Hiroaki FURUMAI and Hiroyuki KATAYAMA, Editors
University of Tokyo Press, 2017
ISBN 978–4–13–063361–1

まえがき

　水は，国民の生命・健康及び経済活動の基礎となる最も重要な資源の一つです．我が国では，戦後の産業発展，都市人口の急激な増加と集中及び生活水準の向上を背景として，大都市圏を中心に，深刻かつ慢性的な水不足に直面しました．そして，水資源，水処理・水供給，汚水処理・再生のための施設整備を急速に進めてきたことから，現在はこれらの水インフラの急速な老朽化の課題に直面しています．また，気候変動に伴う渇水の頻発や集中豪雨の増加，さらには東日本大震災において経験した長期の断水や衛生問題を契機に，様々な水のリスクに対して全ての国民が安心して安全な水の恵みを享受できる対応を予め整えておくことの重要性も，強く認識されてきています．

　さらに，おいしい水や豊かな水環境に対する国民からの要請も高まり，健全な水循環系の確保の必要性が強く認識されています．そのような背景から，水循環に関する施策を総合的かつ一体的に推進し，我が国の経済社会の健全な発展及び国民生活の安定向上に寄与することを目的とした水循環基本法も施行されました．そして，水循環基本計画が閣議決定され，地方自治体において実効性のある流域マネジメントや地下マネジメントの推進がおこなわれています．

　このように，水問題を俯瞰的に捉えること，問題の特質を地域レベルで理解すること，そして，将来の持続的な水利用のためのシステムを構築することが期待されていますが，それは容易なことではありません．したがって，さまざまな水分野の関係者間で，それぞれが有する知識や知見，さらには情報を交換して，目指すべき方向性，目標を共有することが非常に重要となってきています．

　本書は，平成27年度春期に社会人向けに開講されたグレーター東大塾「持続可能な社会のための水システムイノベーション」の講義内容と質疑を取りまとめたものです．東京大学の教員を中心として，全体で10回のオムニバス講義を通じて，地球の水循環から身近な水環境までを対象とした水の問題とその問題解決に必要な基礎的な科学的な知見とともに，最新の研究成果を紹介して

いただきました．限られた 10 回の講義のなかではありますが，水利用という
視点から持続可能な社会を支える水の管理と水システムのあり方を議論するた
めに必要な知識や情報が最低限網羅されているものと考えています．

　塾長として，この分野のトップの方々で講師陣が組めたこと，そして，多様
な分野から参加された社会人向けにわかりやすく講義をしていただけたことを
非常にうれしく思っています．また，多忙な中，夕方からの講義を熱心に聴講
された塾生から鋭い質問をいただき，面白い討議ができたことに深くお礼申し
上げたい気持ちです．したがって，それらを取りまとめた本書を，水に関して
興味をお持ちの幅広い方々に読んでいただけることを願っております．読者の
方々に，水についてより深く知っていただき，様々な水に関わるリスクの存在
や水事業に関する課題を認識していただければと思います．そして，本書の副
題である「持続可能な水利用に向けて」，皆さんにいろいろと考えていただけ
ることを願っています．

2016 年 12 月 12 日

古米弘明

東大塾

水システム講義
持続可能な水利用に向けて

目次

まえがき　i

I　水問題と水の科学

第1講　水の特性から水問題まで　　　　　　　　　古米弘明

はじめに ……………………………………………………………………4

1　水の特性やその機能………………………………………………………4

2　水資源や水利用の実態………………………………………………………8

3　都市の水管理，水道・下水道の仕組み ………………………………17

4　水環境保全・再生と健全な水環境の確保 ……………………………20

5　流域水管理と水資源環境の保全，水循環基本計画 …………………24

6　水循環基本法と都市の持続的な水利用 ………………………………32

第2講　水資源の管理と地下水・地下環境　　　　　徳永朋祥

はじめに ……………………………………………………………………40

1　循環する地下水 …………………………………………………………41

2　非再生可能な地下水 ……………………………………………………42

3　揚水される地下水はどこから来るか …………………………………45

4　東京の地下水について …………………………………………………48

5　被圧帯水層から不圧帯水層への変化 …………………………………49

6　世界の地盤沈下 …………………………………………………………54

7　環境保全技術の構築にむけて …………………………………………54

8　気候変動と地下水 ………………………………………………………58

おわりに ……………………………………………………………………59

第3講　世界の水問題・水ビジネス　　　　　　　　沖　大幹

はじめに ……………………………………………………………………64

1　世界の水問題 ……………………………………………………………64

2　ヒトの暮らしには水は必要か？　それは水だけで十分なのか ……66

3　なぜ水不足が生じるのか？ ……………………………………………71

4　水と市場 …………………………………………………………………72

5	バーチャルウォーター	75
6	水ビジネス	78
7	水ビジネスはマネジメントが必要である	79
8	ウォーターフットプリント	81
9	カーボン・ディスクロージャー・プロジェクト	81
10	地球温暖化と水	84

第4講　森林は緑のダム　　　　　　　　　　　　　　　　恩田裕一

1	森林は緑のダム？	94
2	現在の森林と水資源の課題	98
3	福島第一原発事故後の放射性セシウム	109
4	環境の中に放出されたセシウムの動き	111

第5講　水資源環境の持続的利用と生態系の保全　　山室真澄

	はじめに	126
1	「公害列島」だった頃の日本の水環境	126
2	水環境における二つの「汚濁」	127
3	水質浄化とは？	129
4	なぜ昔は植物である水草が有機汚濁を起こさなかったのか？	132
5	有機物の有毒化	136
6	空から降ってくる窒素・リン	138
7	人工化学物質の塩素処理	140
8	飲用水はどれくらい必要か？	141
9	水から考えるレジリエント・ジャパン	142
10	水資源環境技術研究所	144

第6講　水と衛生，水のリスク　　　　　　　　　　　　片山浩之

	はじめに	152
1	19世紀の給水について	153
2	近代水道の成立——上下水道の成立	162

3　ヒト腸管ウイルス ………………………………………………162

　　　4　水系感染の可能性 …………………………………………………165

　　　5　クリプトスポリジウム対策の国際比較 ………………………167

II　水利用システムと水事業

第7講　安全な水供給　　　　　　　　　　　　　　滝沢　智

　　はじめに …………………………………………………………………180

　　　1　地球の「水」をめぐるシステム ……………………………………180

　　　2　気候変動と水との関係 …………………………………………182

　　　3　豪雨による水供給への影響 ……………………………………183

　　　4　水道と投資 ……………………………………………………184

　　　5　水道と人口減少 …………………………………………………185

　　　6　世界の水供給問題 ………………………………………………190

　　　7　世界の水不足 …………………………………………………193

　　　8　世界の人口増加と水 ……………………………………………195

　　おわりに …………………………………………………………………206

第8講　水の再利用　　　　　　　　　　　　　　　田中宏明

　　　1　増大する世界の人口と水需要 …………………………………212

　　　2　水の再利用の意義 ………………………………………………213

　　　3　多様な水の再利用用途 …………………………………………216

　　　4　再生水のリスク管理と再生水技術 ……………………………220

　　　5　沖縄での再生水技術 ……………………………………………228

　　　6　再生水技術の国際規格化の動き ………………………………231

第9講　上下水道の経営システム　　　　　　　　佐藤裕弥

　　はじめに …………………………………………………………………240

　　　1　上下水道の適正な経営システムはいかにあるべきか ………240

　　　2　日本の水道経営システムの誕生の歴史 ………………………241

　　　3　公益事業と一般私企業の違い …………………………………243

4　コンセッション方式と公共経済学の誕生……………………………245

5　エンジニア・エコノミスト………………………………………247

6　規制と競争の適正化の観点………………………………………249

7　上下水道の規制方式の現状と課題………………………………251

8　水の技術と経営にかかわる会計基準の改正と適正料金の算定問題

　　………………………………………………………………………252

第10講　雨水管理のスマート化　　　　　　　　　古米弘明

はじめに　…………………………………………………………………264

1　都市の水管理と都市水害…………………………………………264

2　都市浸水対策へのモデル解析活用………………………………270

3　都市再生時代における取り組み…………………………………282

4　雨水管理のスマート化への道……………………………………287

あとがき　295

I　水問題と水の科学

第1講
水の特性から水問題まで

古米弘明
東京大学大学院工学系研究科教授

古米弘明（ふるまい　ひろあき）
1979年東京大学工学部都市工学科卒業．84年東京大学大学院工学系研究科都市工学専攻博士課程修了．84年東北大学工学部助手．86年九州大学工学部助手．88年九州大学工学部助教授．91年茨城大学工学部助教授．97年東京大学大学院工学系研究科助教授．98年同大教授．
著書に『ケイ酸―その由来と行方』（共著，技報堂出版，2012）．『森林の窒素飽和と流域管理』（共著，技報堂出版，2012）などがある．

はじめに

　今回，第9回グレーター東大塾として，水をテーマにした「持続可能な社会のための水システムイノベーション」について，全体で10回の講義があります．目的は，水問題と，その問題解決に役立つような科学的な基礎知識を提供することです．したがって，前半6回はサイエンスベースの講義をして，後半4回が水道や下水道の事業を中心に，その経営も含めた講義をします．そして，将来に向けて，水道と下水道を合わせたどのような革新的な水システムができるのかを，一緒に議論したいと思っています．

　したがって，内容としては幅広く，地球レベルから人の健康リスクまで入っていますが，それを踏まえた上で最終的には水利用システムを考えます．ただ，革新的な水技術については，特段講義は設けていません．言い換えると，皆さん企業の方々の方が詳しいと思うので，塾のなかでそれらを踏まえて，将来の水利用システムの議論に重点をおきたいと思っています．

　それでは，第1回の「水の特性から水問題まで」の講義を始めたいと思います．

1　水の特性やその機能

　七五三は子どもの成長を祝う年齢ですが，俳句などでも五・七が出てきます．トロイカ体制は三です．何となく言いたいことや考えがあるときには，「三つある」と言っておくとよいということを，20年ぐらい前に聞いたことがあります．まず三つと言ったあとに，二つ程度は説明ができるでしょうから，話しているうちに三つめを出すという作戦です．本当に，物事を考えるときに，二つよりは，なんとなく三つ言える方が多様な考えがあるのでいいように思います．さて，水の特性については七つです．ラッキー7というわけではないですけれども，学生時代のときに見つけた本の内容を，自分の解釈を追加して整理したものです．

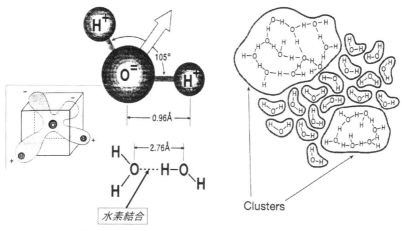

出典：G. Tchobanoglous and E.D. Schroeder（1985）: "Water Quality", Addison-Wesley Pub. Comp.
図1　水分子と水素結合

(1) 水の7つの特性

　特性の起源は，「水素結合」です．Hydrogen bond（ハイドロジェン・ボンド）です．この講義で，水素結合を覚えて帰るだけでも今日は少し得したかなと．一般向けの講演をする際には，聴衆の方によく講演の中で，重要だと思ったこと三つを覚えて帰っていただければ，講演者として100％満足ですとよく言っています．皆さんには，十何個ぐらい覚えて帰っていただきたいと思いますが，水素結合は，その一つかと思います．要は，七つの特性は水素結合に関わっているということです．

　では，水素結合とは何なのか．水の分子は酸素と水素で構成され，酸素の両腕の位置にある水素との角度が180度ではなくて，105度となっています．これはずっとこの形をしているわけではなくて，確率的に動いているわけですね．したがって，負の中心は酸素分子で，二つの水素が正であり，両者で分子として電荷がバランスしているわけです．しかし，確率的にも負と正の中心がずれているわけですね．ということは，水分子間でみると，ある分子の酸素と隣の分子の水素は，確率的にくっつきたがるということになります．これが水素結合と呼ばれているものです．

　この特徴というものは，一言で言うと簡単です．水素の分子量1，酸素の分子量16，覚えていますね．そうすると，水の分子量は18です．この

"Hydrogen bond" 水素結合
- 非常に高い沸点や融点：地球上で液体
- 非常に高い比熱：温度変動抑制
- 大きな融解熱と気化熱：熱の運搬
- 幅広い溶媒として：水溶液として存在
- 常温で高い表面張力：毛管現象
- 大きな熱伝導率：温度変動抑制，冷却水利用
- 密度が4℃で最大：氷が浮く，結氷は表面から

図2　水の7特性——環境要因として

程度の分子量の物質は地球上ではガスです．例えば分子量16のメタンガス，32の酸素ガス，そして，空気より重い炭酸ガスの分子量は44ですね．水は，分子量18にもかかわらず常温で液体でいられるということは，この水素結合のおかげだということです．

したがって，その分子間の水素結合を緩めるにはエネルギーがいるわけですね．だから，1gの水を水蒸気にするのに539カロリーいるということです．氷を溶かすには80カロリーです．要は，固体の氷より，液体の水の方がコンパクトになりやすく，摂氏4度のときに最もコンパクトになり密度が1です．氷に固まると密度がかえって下がって，水の上に浮くことになります．

沸点が摂氏100度で，融点は0度です．考えてみると，分子量28の窒素ガスは−196度という非常に低い温度になってやっと液体になるわけですね．だけれども，水は0度までで液体で，気体になるには100度まで上昇する必要があります．したがって，地球上では水は液体で存在することになります．

非常に高い比熱，温度変動抑制，これは地球が水の惑星である所以です．火星のように高温やマイナス何十度にならないというのは水のおかげ，これも分かりますね．

気化熱が大きいということは，熱の運搬にも関係しています．1gの水に539カロリーを付与して，蒸気として輸送できるわけです．ごみ焼却場の余熱で，水を水蒸気に変えて輸送して，再びお湯にすればその熱量が回収できるわけですね．温水プールがよくごみ焼却場のそばにある理由です．水は熱輸送の媒体として非常にありがたい物質です．

また，水はいろいろなものを溶かせる物質でもあります．ドライクリー

ニングでは，有機溶媒で油汚れを落とすことができますけれども，有機溶媒では無機物の汚れは取れませんね．泥汚れには使えません．だけれども，水というものは無機物も有機物も溶かします．お塩も溶けるし，炭酸カルシウムも溶けるし，アルコールも溶けるし，砂糖も溶ける．洗剤を入れれば，衣服から油汚れも含めていろいろなものを溶かし出すことができます．人間の体の多くは水ですが，点滴における栄養分供給あるいは生理食塩水など，非常に有用な溶媒の機能を水は持っているということになります．

　次に，表面張力が非常に大きいという特性です．トリチェリの真空をご存じですね．真空では何 m まで水が上がるのか覚えていますか．水銀では 760 mm ですね．水銀の比重が 13.6 と知っていると，「水だと 10 m か」とわかります．1 気圧で水道を供給すると家庭では 10 m まで上がります．一般に水道では 1.5 気圧かけていますので，2 階まで水を十分に供給できるということです．

　さて，樹木のなかには 30 m，40 m，50 m，60 m の高さのものもあります．中には，樹高 100 m のセコイヤもあります．そうすると，てっぺんまで水はどう輸送されるのか．それは，毛細管現象によるものです．非常に細い維管束ある，根も細いですけれども，表面張力が大きいことに起因する毛細管現象によって水が上がることによって植物は生きていると考えられます．したがって，表面張力が大きいという特性も非常に重要なわけです．これは 5 番目です．

　6 番目は熱伝導率が高いことです．そこで冷却のために水が使われています．

　最後の 7 番目は，最も面白いものです．密度が 4℃ で最大になるということは，氷が浮いて結氷は表面からということです．表面から結氷することがとても大事な点です．もし，4℃ ではなくて，0℃ で密度が最大で，0℃ で凍るとすると，どのようなことが起きるかを考えると非常に面白い．

　水深の大きな湖で，夏から秋，そして冬になることを考えます．夏の間でも底層の水温を例えば 15℃ くらいにしましょう．秋になり寒くなりました．表層の水温が 15℃ より下がると，底層より表層水が重いので循環します．さらに，10℃ になり，4℃ になるまでは湖水は循環します．しかし，表層水が 4℃ 以下になると，4℃ の底層水より密度が低いので循環

しにくくなります．さらに，表層は2℃ になり，1℃ になり，0℃ になるわけですね．だけれども，4℃ の重い水は底層にとどまります．徐々には冷えて3℃ ぐらいになるかもしれません．だけれども，基本的には底層水の方が表層水より温度が高いことになります．表層水温が0℃ になり，そして水が凍ります．要は，結氷は表面から起こるわけです．

では，もし，ちょうど0℃ で密度が最大になるとどのようなことになるでしょう．3℃ で混ざり，2℃ で混ざり，1℃ で混ざり，0℃ でも混ざって，結氷するときには，一瞬のうちに湖沼の水が全体で凍る可能性はあるわけですね．そうすると，底層に生息した魚も，瞬間冷凍してしまうかも分かりません．密度最大が4℃ なので，底層に生きていられると考えられます．4℃ で密度最大という特性は，湖では非常に重要な意味を持っています．これが7番目です．

(2) 「水」の機能の利用

水が非常に面白い機能，あるいは特性を持っていることを理解し，どのように活用しているのかを知ることは大事です．汚れを落とすなど洗濯水として重宝しているように，いろいろなものを溶かせる非常にありがたい溶媒ですね．また，我々人間も生体維持のための媒体としても使っています．湿地みたいなところも含め，いわゆる水域生態系の場をつくっている媒体にもなっています．また，水洗トイレは便利です．水は高いところから低いところに流れます．そして，我々は，下水道を通じて汚染物質を処理場に輸送しているわけですね．ポンプアップすることもありますが，重力による輸送・移動の媒体として使っています．さらに，先ほど言ったように，水蒸気として使えば，熱エネルギーの輸送媒体としても使っています．水の特性がいろいろなところで使われていることが分かるわけです．

2 水資源や水利用の実態

(1) 地球上の水のストックとフロー

地球上には約14億 km³ の水があって，2.5% ぐらいが淡水ということは多くの方が知っていると思います．量だけではなく，その水がどう循環しているかも大事です（図3）．どれだけあるかというストックも大事な

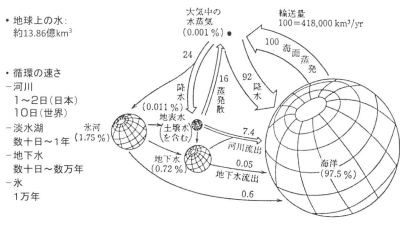

出典『土木工学体系24：ケーススタディー水資源』(1978年　彰国社) より
図3　地球上の水のストックとフロー

のですけれども，どれぐらいの速度で循環しているか，要は，ストックとともに，その入れ替わりを示すフローがどの程度かということを理解しないとだめなわけです．例えば，水蒸気量は少ないのですが，非常に大きなフローがあります．

　一方，氷河や地下水というものは，量がある割には非常にゆっくりしか循環しません．また，世界の川と日本の川の循環の速さは違います．そのオーダーの違いを知っておくとよいということです．ダム湖の循環は大きく，滞留時間は短いですけれども，自然湖沼は比較的長い．滞留時間あるいは交換率という時定数，いわゆる現象の時間スケールですね．1秒間で起きる現象なのか，1分間なのか，1週間なのか，1年なのかどうかということです．

　例えば，干満は1日に2回あり，12時間サイクルで起きますね．家庭での水利用量は，生活リズムで需要が決まるので1日単位で変動します．週末の土日までを考えると1週間の単位で変動するパターンもあります．扱わなければいけない現象の時定数は，例えば，降雨のように数時間，梅雨のような月オーダー，さらには気候変動が関わるような非常に長い時間もあります．水の存在量に対する交換や循環の時定数の話をしていますが，事象を見るときには，どのようなタイムスケールで動いているのかと，同時に，どれぐらいの空間スケールでの現象なのか，いわゆる時間と空間の

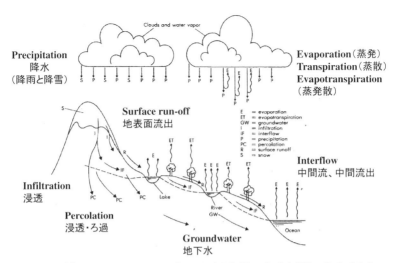

出典：G. Tchobanoglous and E.D. Schroeder（1985）: "Water Quality", Addison-Wesley Pub. Comp.
図4　水文プロセス，水循環サイクル

スケールを両方意識して，水の関わる現象を俯瞰できることが非常に大事なわけです．

(2) 水文プロセス，水循環サイクル

水文学という分野があります．雨が降って，浸透したり，流出したり，蒸発散するプロセスを扱う学問です．「みずぶんがく」とも読めますが，水文学です．

図4は，水文，水循環のプロセスを英語でも表記しました．略記号の「P」はprecipitationです．これは，rainfallとは異なり，snowfallと加えた降水の意味です．

雨が降って浸透したときに，infiltrationというのがあります．ここには，percolationと書いてあります．これも同じように浸透ですけれども，こちらは，完全に地下の水位よりも下の水の流れのときにpercolationを使って，不飽和帯，すなわち気相と固相も液相もあるようなところは，infiltrationを使います．あと地下水はgroundwaterです．表流水はsurface waterで，その流出がSurface run-offです．

あとは，「ET」というものがありますね．地球外生物ではなくて，evaporationの「E」とtranspirationの「T」を合わせたもので，evapotranspiration です．要は，蒸発というものは水面から出るもの，発散というものは植物を通じて出るもの，その両方を合わせたものが蒸発散プロセスです．様々なプロセスを含む水循環サイクルが存在しています．

(3) 日本の水資源と水利用

我が国はアジアモンスーン地域にあります．比較的雨が多く，年平均降水量は1,600から1,700 mmと言われています．我が国の水資源量を考えるときには，降水量がまず大事です．年降水量はちょうど自分の身長と同じ程度で，日本の面積は38万 km^2 ですので，あとは掛け算すると6,400億 m^3 が出てくるということになります．

しかし，降った雨の約3分の1は，蒸発散で水蒸気に戻りますので，水資源賦存量というものは，降水量から蒸発散量を引いたものになります．我が国では，平年で4,100億 m^3，渇水年で2,700億 m^3 ぐらいと言われています．我々は，そこから生活用水，工業用水，農業用水として利用しています．その年間合計は，平成28年度最新版の水資源白書によると，809億 m^3 です．表流水は717億 m^3 で，地下水はかっこ書きされており，合計で92億 m^3 です．我が国は，表流水依存であるということがすぐに分かります．なお，先ほど申し上げた，地球上にある水の量は14億 km^3 なのですが，億 m^3 と億 km^3 で大きく桁が違うことに注意してください．

このようにしてみると，生活用水152億 m^3，工業用水113億 m^3，農業用水544億 m^3 で，農業用水が多いのは分かりますが，工業用水が意外に少ないのではないかと思われるかもしれません．実際上は，80%近く水をリサイクルしていますから，実際に使っている総量は，この見かけの用水量を5倍したものです．再生水を多く利用することによって，工業用水量が賄われていることになります．

ここで，生活用水の152億 m^3 などの数値を覚える方法について説明します．この数値を1億2,000万人で割ると，1人当たり1日350 L，300 Lの生活水を使っているということが分かります．言い換えれば，1人当たりだいたい1日300 Lくらい使っていることを記憶しておけば，365日を掛けて，あと，1億2,000万人を掛ければこの年間の生活用水量の値が出てくるということになります．

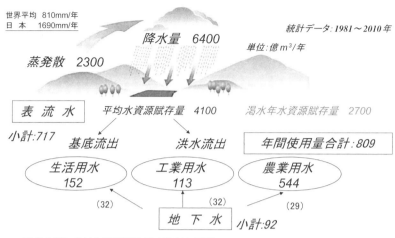

図5　日本の水資源と水利用

　農業用水量の544億 m³ は，他の用水量より精度が低いことに注意が必要です．それは，農業用水というものは慣行水利権に関わっており，習慣的に取水されて田んぼに入ってもそのあと，また農業用水路に出てきて，また下流で取水されているような場合も考えられます．きっと取水量ベースで用水量が計算されているものだと思います．実際上は，農業でどう使われているかということを，どう評価すればいいかということは難しいわけです．したがって，白書に記載されている数値をただ鵜呑みにするのではなく，その算定方式にも注意するセンスを持ってください．

　また，水田がなく畑作が行われているヨーロッパなどの農業用水量を見る場合には，取水された量がすべて利用されており，下流に流れたり，地下浸透することはあまりありません．だから，水田農業なのか，小麦などの耕作農業であるかで用水量の意味は違うわけですね．というように，農業用水といっても，国際的には違うことにも気づいてほしいということです．

(4)　1人1日当たり水資源量の比較

　次に，1日1人当たりの水資源量です．基礎数値から計算されたもので，

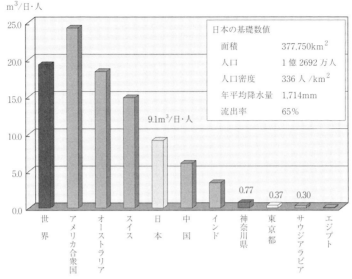

図6 1人1日当たり水資源量の比較

日本は世界平均より低く，9.1 m³/日・人です（図6）．インド・中国はもっと少なく，砂漠の国はさらに少ないことが分かります．だけれども，国単位ではなく，東京都と神奈川県だけで同じように計算すると，このような値になります．東京はサウジアラビアと変わらないようなところです．若い人は知らないと思いますが，昔「東京砂漠」という歌がありました．ある意味，東京は水資源面では，都単独では砂漠のようなところとも言えそうです．要は，それだけ人がたくさんいるということです．

(5) 日本の水道水源

図7は，日本水道協会のホームページに掲載されているものです．日本の場合には，水道水源の7割強，7割5分ぐらいが，ダム水，河川水です．あとは，井戸水，伏流水とありますが，これが2割強ということです．その他は，海淡などがあります．大事な点は，我が国は表流水依存であることです．

表流水中でも，河川水というよりはダム水ということはご理解いただいて，それがどのような状況で増えてきているのかということです．要は，地下水の比率はだんだん減り続けていて，ダムを造ることによって水資源

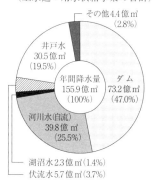
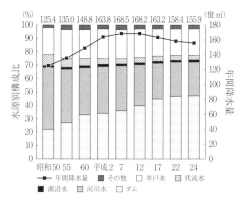

図7　日本の水道水源

の確保をしているということになります．そこで，注意してほしいことは，この河川水には，（自流）と書いてあります．ここがポイントです．ダムと書いてあるものには，ダムで貯めた水を下流に流して河川から取水する場合も含まれます．多くの水道用水は，ダム建設による新規開発の水利権に基づいています．わざわざ「自流」と書いてあるのは，ダムでの貯留なしで河川水を直接取水している量を意味しています．この種のデータや情報の裏側にあるものにも留意してください．

(6)　一般家庭の目的別使用量

　我々は，家庭では1人1日当たり250Lぐらい使っています．その値は，県によって若干は違いますけれども．覚えていただきたいのは，その内訳は，おおよそトイレ4分の1，風呂4分の1，台所・炊事4分の1，洗濯・洗顔等で4分の1ということです．トイレに行って自分は1回何Lぐらい使っているのかということを意識することも意義深いと思います．家庭での水使用量は，節水型トイレだと減るかも分からないし，あるいは，大きなお風呂になるとその分が増えるし，あと，食洗機を使うと台所部分が減るかも分からないというように，水の使い方によってこの比率は変わってくるということになります．

　ヨーロッパはだいたい170Lぐらいですので，日本は250Lと水をふん

出典：東京都水道局 http://www.waterworks.metro.tokyo.jp/customer/life/g_jouzu.html
図8　一般家庭目的別水使用量（平成18年度）

だんに使いすぎているかもしれません．しかし，家庭用水量は，水に関わる文化も表れていると理解するべきだと思っています．例えば，日本はお米を洗う，食器が多いことなどから，台所の水使用量は多めだと思います．また，洗濯の方はどうかといいますと，欧州では想定的に大型の洗濯器が多く普及していること，日本の方が暑いので，汗かきが多くてたくさん洗濯物が出てくることから，洗濯用の使用量も日本で多くなっているというのが私の解釈です．しかし，本当の答えは知りません．でも，少し突っ込んでみると面白い水使用の情報を整理できるかもしれません．

(7)　必要な水源面積の試算とダムの役割

　家庭用水に加えて都市活動用水含めた都市用水量として，1人1日で300 L，350 Lの水を確保することを考えましょう．日本では年間降水量が1,700 mmで蒸発散を考慮すると，一人どれぐらいの面積を持っていればいいかという逆算をします．すると一人125 m^{2}の面積を持っていれば，計算上では自分の使う水を確保できるということです．一方，東京の人口密度が5,520人なので，それを逆数にすると181 m^{2}の面積を1人当たりで保有していることが分かります．両者は同じ桁ですが，それが意味することは，ほとんどの雨を集めないと用水量を確保できないということであり，多摩川など河川にもほとんど水が流れ込まない，というような状態を意味します．

　要は，遠くにダムを建設して，水を確保する必要がある状態であることを理解できます．この場合，水量を示す単位であるLやm^{3}ではなくて，

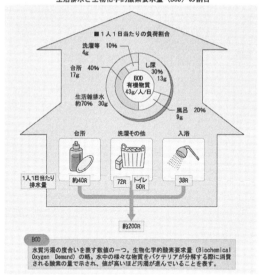

出典：環境白書（平成13年度版）より
図9　汚濁負荷の運命

水資源確保のために必要な土地面積いわゆるフットプリント的に表現してみると，水事情がイメージしやすいということです．

(8) 汚濁負荷

我々は，1人1日当たり，40 g から 50 g の BOD（生物化学的酸素要求量）を排出します（図9）．BOD は，Biochemical oxygen demand で，有機物の汚濁指標です．汚水をそのまま出してしまうと，どのようなことが起きるかを考えます．河川の水質環境基準において AA，A，B 類型までが，水道1級，水道2級，水道3級となっています．そこで，B 類型の基準値である，BOD 3 mg/L まで家庭からの汚濁物を希釈することを考えましょう．

1人当たり13，17 m^3 の希釈水があれば，40 g，50 g の BOD を 3 mg/L まで希釈することができます．希釈できれば，下流でも BOD としては水道水源の水が生まれます．ただ，消毒はしないとだめですが．

そうすると，その希釈水を確保するにはどれだけの面積が要るかといいますと，1人当たり約 6,000 m^2 の集水面積を持っていればいいわけです

ね．とても広い面積が要るわけです．都市ではその面積を確保はできないので，下水処理場で浄化する必要性があることが理解できます．このように，水利用を考える際には，降水量，用水量，汚濁量などの基礎数値を使いながら，集水面積と関連づけて理解するのが，私はとても大事だと思っています．

3 都市の水管理，水道・下水道の仕組み

(1) 水循環の中での都市の位置

次に，都市のおける水の循環の話です．雨が降って蒸発散して流出するということもありますが，浄水場があって，下水処理場があって，人工的な水の流れがあるわけです（図10）．海水からの蒸発により雨が降る，山に降った雨をダムにためると水力発電，すなわち位置エネルギーを電気として回収しているわけですね．海水は蒸発されることによって，塩分や汚染物質が含まれようが，真水にいったん変わります．要は，太陽エネルギーによって水の浄化をしています．水道水は都市に供給され，利用により汚れてしまいます．我々は，浄水の水質を消費しています．位置エネルギーも消費するし，水質も消費します．したがって，もう一回下水処理場で処理のためのエネルギーをかけてきれいにしていますが，全体の水循環を考えると，太陽エネルギーが浄化の駆動力となっていることを理解することが非常に重要で，それを知った上で都市の水利用がどうあるべきなのかを考える必要があるということです．

(2) 東京の水循環と水収支

東京での水循環は，全国平均と違って，降った雨は浸透する量は少なく，流出する量が多くて，蒸発散量は約3分の1だと覚えておけばいいです（図11）．また，東京には，都域外から大量の水が入ってきています．多摩川や地下水も使っていますが，その量は少ないわけです．

ここに示された数値は体積の単位ではありません．年間の水量を東京の面積で割った値です．体積を面積で割ると長さの次元に変わります．これはちょうど何mmという降水量と同じ単位に換えたものです．降水量当量で表現することによって，使っている水の量が，年間の降水量や流出量

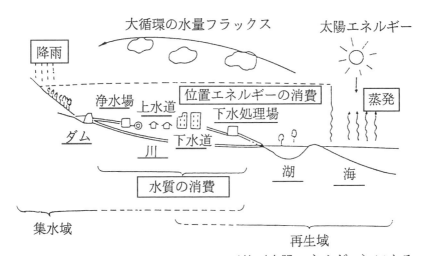

図10 水循環のなかでの都市の位置

などと容易に比較することができます．東京都での配水量が1日450万m^3と言われても分かりにくいので，それを降水量と比べたときにどうなるのかという表現は非常に重要なので，この図11を示しています．

（3） 都市における水管理の視点

都市における水管理の視点のなかで，さきほどは水道や下水道という利水の話を中心にしていました．しかし，都市の水を扱うシステムというものは，洪水対策などの「治水」も大事ですし，親水空間と水辺空間をどうするのかという「親水」のことも重要です．また，例えば，多摩川に鮎が戻ってきてくれた方がいいだろうし，そこに湿地や干潟があって，いろいろな生物がいる方が生物多様性としては魅力的です．まったく自然のままではありませんが，都市の人工的な生態系として「水域生態系」の保全も大事です．

数年前までは，視点は4つだったのですけれども5つ目を考えました．例えば，夕涼みで散水するように，ヒートアイランド対策，都市熱の管理

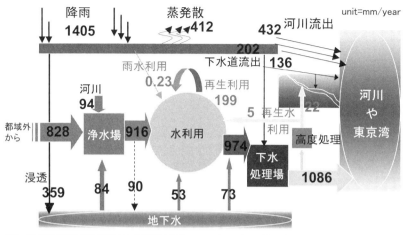

出典：東京都環境保全計画（1998年）と東京都水循環マスタープラン（1999年）より．
http://www.mlit.go.jp/tochimizushigen/mizsei/toshisaisei/kandagawa1/siryo4.pdf

図11　東京の水循環と水収支

のために水を使っているという「熱管理」という視点も追加しました．

(4) 水道のしくみ

　水道法のキーワードは，「清浄にして豊富低廉な水供給」です．水道の3原則は，きれいであること，安定供給できること，なおかつ低廉であること．低廉は単に安いとは異なり，適切に低い価格であることです．それはなぜかといいますと，水道事業は人の生命や健康に深く関わりながら，生活に必要な量を供給する公共事業で，公衆衛生の向上と生活環境の改善が目的であるからです．

　水道システムを概観すると，まず水源があって，浄水して，送配水して，利用者へ水供給しています．再整理すると，貯水，取水，導水，浄水，送水，配水，給水です（図12）．要は「水」が付くものが七つです．これも水の特性と同じ七つなので，水道システムの流れを七つの水で覚えていただくといいかと思います．

(5) 下水道のしくみ

　下水道法にもいくつかのキーワードがあります．都市の健全な発達，公衆衛生の向上，これは水道・下水道の共通です．そして，公共用水域の水

図12 水道システムの概要

質保全に下水道は貢献します．しかしながら，これら三つの役割以外にも，健全な水循環やアメニティーを考慮した水環境の創造，水循環だけでなく物質循環として，汚泥利用など持続可能な循環型社会への貢献というものも，下水道の役割に加わっています．

下水道も都市基盤として，公衆衛生，浸水対策，水洗化，公共用水域の汚濁などの問題に対応するために整備された歴史を持っています．まず，下水は汚水と雨水に分類されていることを覚えて帰ってください（図13）．下水管といえば，雨水管と汚水管，そして雨水と汚水を一緒に流す合流管があるということです．

汚水には，家庭排水，事業所排水，工場排水などに分類できます．また，下水道施設にはどのようなものがあるかといいますと，排除された下水を収集・輸送して処理場に持っていく排水施設，下水を処理する施設，それを補完するポンプ場や一時的に下水を貯める滞水池などの施設の三つに分類されています．これらは，下水道の基礎知識なので，専門家ではない人も覚えておいてください．

4　水環境保全・再生と健全な水環境の確保

(1)　水環境を構成する要素

水環境を構成する要素は，「水量」，「水質」，「水生生物」，「水辺地」と定義されています（図14）．大事な点として，単なる水の量でなく，水量が一緒でも，流速，水位が違う場合があります．その変動もあります．要は，この「水量」の意味には，水深，流速，その変動の意味も含めた水の量として意識してください．

水質には，病原微生物のような生物学的な水質もあるし，化学的な水質もあるし，水温のような物理的な水質もあります．単純に水質という理解ではなく，水利用目的において何が問題で，どの水質項目を意識すべきな

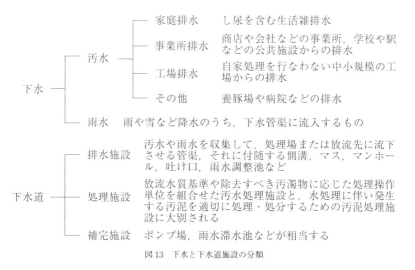

図13　下水と下水道施設の分類

のかを理解することが大事です．

　水生生物については，水生の植物や昆虫，魚が挙げられますが，皆さんに意識してほしいのは，水生とは書いてありますけれども，カエルなどの両生類だけでなく，湿地にいる鳥，ヘビという動物も含めて生態系を構成する生物として取り扱った方が，水環境を理解するには役立ちます．

　水辺地は，水生生物の生育や生息環境として大事であり，同時に人と水のふれあいなどの場としても意味があります．水生生物や水辺地は，相互に関係していますし，同時に水量や水質の影響も受ける構成要素です．

　すなわち，水環境はこれらの構成要素が相互に影響し，関係していることから，水質がきれいでも，水量が少なかったらやっぱりだめなのです．水辺地が不十分であれば，生物も生息できないというように，構成要素が全体としてバランスしていることが重要だということです．

　では，その水環境の要素を規定しているのは，水文，気象，地形，地質，植生などです．緯度が異なれば，気温や降水量は違い，標高が違うことによっても，水環境が変わることが想像できます．また，植生として針葉樹なのか，広葉樹なのか．落葉広葉樹であれば，いわゆる土壌動物が豊富なリター層が形成されます．リター層の質の違いは，水質の違いにもつながることを理解することも大事です．また，水辺地としての生息域についても，河床勾配，河道が蛇行しているのか直線なのかによっても，そこに生

・水質：人の健康の保護，生活環境の保全，さらには，水生生物等の保全の上で望ましい質が維持されること.
・水量：平常時において，適切な水量が維持されること. 土壌の保水・浸透機能が保たれ，適切な地下水位，豊かな湧水が維持されること.
・水生生物等：人と豊かで多様な水生生物等との共生がなされること.
・水辺地：人と水とのふれあいの場となり，水質浄化の機能が発揮され，豊かで多様な水生生物等の生育・生息環境として保全されること.

図14　良好な水環境の目標

息できるものが変わってくるというように，生息域を捉えることがポイントです.

(2) 水利用用途と水質環境基準

次は，水質環境基準についてです. 水環境行政では非常に重要な内容なので取り上げました. まず覚えていただきたいのは，人の健康の保護に関する項目と生活環境の保全に関する項目があるということです. また，要監視項目というものもありますが，これも人の健康の保護に関するものです. ここでは，生活環境項目について説明します（図15）.

河川は，AA から E までの 6 類型，湖沼が 4 類型，海域が 3 類型，それに加えて窒素・リンのような富栄養化対策のための項目や水生生物保全の項目もあります. 基本的な基準の考え方として，どのような水利用用途があるかということです. 要は，利水面で類型化されています. したがって，先ほど言った水道利用では 1 級，2 級，3 級があり，河川の場合には AA・A・B まで，農業用水はさらに C まで，工業用水はさらに D まで，一方，水浴は A までなどというように，水利用用途に対応して基準値が決められているということです. どのような水利用だから，どのような水質が求められるかということをしっかり覚えてください.

利水というと，水道用水，工業用水，農業用水などに留まりがちです. しかし，水利用用途というものには，水産業，自然鑑賞，水浴，レクリエーションもあります. 自然環境保全，レクリエーションや水生生物の保全のようなものを意識して，水利用を考えるべきです. 環境基準のなかには記載されていませんが，発電用水もありますね. 水利用，すなわち単なる

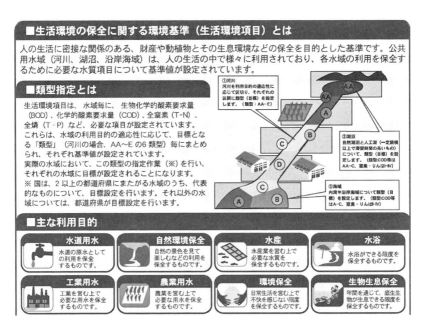

出典：http://www.env.go.jp/water/water_pamph/pdf/03.pdf
図 15　水質環境基準

Water Use ではなくて，Beneficial Water Use，要は水を使うことによってどれだけ便益を得るかという概念が大事です．泳ぐこと，ボートを漕ぐこと，漁業や釣りをすることも便益ですので，それらも水利用として定義するべきだということです．

(3)　水環境保全・再生の取り組み

平成 23 年 3 月 14 日に「今後の水環境保全の在り方について」が取りまとめられました（図 16）．重要な観点が示されています．我が国の水環境保全に関する動きを知りたければ，数十ページですので読んでいただいたらいいかなと思います．

図 16 が，その視点を示したものです．水環境の保全や再生は基本的には地域で扱うべきものですので，まずは地域の視点です．同時に，地球環境問題を考えると低炭素社会の構築，生物多様性の確保に対しても，意識して水環境を保全することも重要です．そこで，グローバルな視点や生物多様性の視点が示されています．さらに，水環境保全は行政だけが行うこ

●それぞれの地域にふさわしい水環境の目標のイメージは異なる
●水環境の保全に係る地域の主体性
　→地域住民が自ら行う持続的な水環境の保全
●水環境の保全・再生に向けた取組が進められるような仕組みの構築
　→地域住民に分かりやすい環境指標
　→合意形成のプロセス

●水環境は世界とつながっている
●国外の水環境悪化による国内の水環境・生活への悪影響
●環境問題に対する地球規模の視点（低炭素社会の到来、生物多様性など）
　→我が国の国際的責任
　→我が国の水環境技術の海外への展開

地域の観点　**グローバルな観点**

4つの観点

連携の観点　**生物多様性の観点**

●環境省、他省庁、地方公共団体、NPO等地域活動主体との連携
●水環境保全における環境省としての役割
　→他省庁をはじめ地方公共団体やNPO等の各種団体による活動にインセンティブを与え、それぞれの連携による持続的な取組を促す
　→水環境保全に資する組織や人材の充実、仕組みづくり

●生物多様性の重要性（COP10：愛知ターゲット）
●水循環の構成要素（水量、水質、水生生物、水辺地等）の健全化と生物多様性の確保
●生物多様性への影響をできるだけ小さくするような取組→生物多様性を意識した基準の設定
●生物生産性

出典：http://www.env.go.jp/press/files/jp/17165.pdf

図16　これからの水環境保全・再生の取組みに当たっての4つの観点

とではなくて，住民がどう関わるのか，あるいは，国と県と地方自治体，あるいは，NPOなど，いろいろな利害関係者がどう関わって連携するのかということも，水環境保全をレベルアップするために必要であることが示されています．そして，連携を含めて，四つの視点が整理されていることをご理解ください．

5　流域水管理と水源環境の保全，水循環基本計画

(1)　流域単位の水管理の重要性

　水環境を議論したり，水循環や水資源，そして水利用を考えたりするときには，その基本単位は流域です．それらを流域単位でどう考えるかというセンスがない限り，物事が適切には進みません．

　残念ながらといいますか，致し方ないのか分かりませんけれども，水道事業も下水道事業も法律上は原則として地方自治体が実施主体になっています．もちろん，すでに流域下水道や広域水道もありますし，民間企業が事業を運営する事例もあります．しかし，基本は自治体なのです．ということは，行政区界が流域であればいいのですけれども，実際には流域界と

は一致してないのですね．そうしたときに，どうすればいいか考えることが大きなブレークスルーにつながるわけで，それが水循環基本法に期待されることだと思っています．

流域とは，河川が降水を集めている範囲で，集水域ということもできます（図17）．そのときはcatchmentに対応します．流域の英訳はwatershedです．また，river basinとも言われます．これは，川が流れる地域全体が池のようにくぼんだ形状であることを称しています．流域だけでなく，「流域圏」という言葉も覚えてください．流域は水文学的な対象領域ですけれども，流域圏となると水利用域も含めた圏域です．利根川の流域には東京は含まれませんが，流域圏では入ります．それはなぜかというと，利根川の水が東京にはもたらされているのだから，というように考えてください．東京には多摩川の水も来ていますけれども．

整理すると，利根川の水が武蔵水路を通って荒川に入って秋ヶ瀬堰で取水されて，浄水後に東京に来ていること，その水道水がどの地域に配水されているかを考えることは大事です．また，多摩川の水がどう流れてどう行くかといえば，羽村の取水堰から東村山浄水場に運ばれているし，村山貯水池や山口貯水池に貯められて利用されています．そうすると，水資源や水利用を考える場合には，流域だけではなく流域圏の概念もないとだめです．流域圏に住んでいる人たちが一体的に，水利用，水資源に対する意識を変えない限り，大きな変革はないということです．流域圏の概念を流域とセットで理解していただきたいと思います．

流域単位で管理を考えることは，以前からあります．Watershed Approachという言葉が，1997年の米国におけるClean Water Action Planのなかで示されています．もう20年近く前に出ました．EUでは2000年にWater Framework Directive（水枠組み指令）というものが出ました．そこでも，流域単位での管理が謳われています．日本でも，2000年12月に公表された第2期環境基本計画のときに，流域水循環計画という用語が出ています．だいたいこの時代に流域単位で水管理を考えるという考え方が出てきています．

日本では考え方が出ていたのに，大きな進展が必ずしも起きなかったのです．ただし，下水道分野では，1970年の下水道法改正において流域別

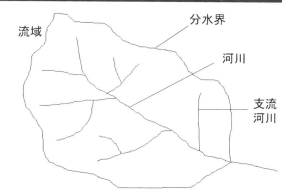

「流域」と「流域圏」
流域圏とは、「流域および関連する水利用地域や氾濫原」で示される一定の範囲の地域（圏域）であって、水質保全、治山・治水対策、土砂管理や、森林、農用地等の管理などの、地域が共有する問題について、地域が共同して取り組む際の枠組みとして形成される圏域「21世紀の国土のグランドデザイン」（第五次全国総合開発計画）。

図17　流域とは（著者作成）

下水道整備総合計画が定義されています．

　第2期環境基本計画での表現はこうです．「健全な水循環を構築するため，流域を単位とし，流域の都道府県，国，出先機関などの所轄行政機関が，流域の水循環系の現状について診断し，その問題点を把握して，望ましい環境保全上健全な水循環計画を作成し……」と書いてあります．その当時から，環境保全上健全な水循環の確保に向けてということで，8省庁が連絡会議で議論されていました．その当時は，まだ国土庁も残っていたと思います．しかし，必ずしも水循環計画が積極的には策定されてきていなかったのではないでしょうか．東京都では1999年に水循環マスタープランが策定されましたが．だから，先ほど示した東京の水収支の絵があるわけです．その意味では，今回の水循環基本法の下で，水循環基本計画の策定が法的に定められたことは意義深いわけです．

　将来の健全な水循環の確保ということを考えたときに，温暖化や気候変動の影響も考慮する必要があるのですけれども，将来人口が減るということも非常に重要で，平成20年に図18の整理がされています．生活用水量は減るでしょう．工業用水量も減るでしょうね．農業用水はあまり変わらないでしょうという将来の水需要予測です．

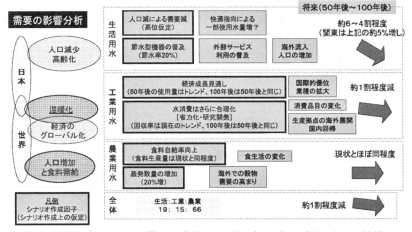

図18 想定される人口減少や社会変化に基づいた水需要の影響分析

この影響分析を受けて，Integrated Water Resources Management，IWRMかな，覚えてくださいね．「総合水資源管理基本計画」のもとで，流域を保全する，水量・水質を一体管理する，水利用の効率化する，地下水の保全と活用が必要であることが提案されてきています．このような議論があったからこそ，今回の水循環基本法ができたように理解しています．

(2) 鶴見川マスタープランと神奈川県の水源環境保全の試み

流域単位で水管理を行うことについて，先駆的に取り組んできたのは鶴見川流域です．2004年に，鶴見川流域水マスタープランが策定されています（図19）．しかし，鶴見川は都市河川であり，市街化が過度に進行したことや水道水源としては利用していないなど，流域としては特異なのですが，水管理の利害関係者，ステークホルダーが連携・協働することを謳われたエポックメーキング的な活動だと思います．細かいお話はできませんけれども，非常に重要なことが書いてあるので各自読んでください．

何が重要かといいますと，流域における理念があって，目標を持って，利害関係者間でその目標を共有するということです．そのためには，情報

【 計画の構成 】

　鶴見川流域水マスタープランは、流域の概要（社会動向、自然環境など）、河川及び流域の現状と問題点・課題を踏まえ、基本理念、流域水マネジメント、推進方針とで構成する。
　流域水マネジメントでは、基本方針、計画目標などを設定し、その実現をはかるための主要な施策を明らかにする。推進方針では、流域水マネジメントで定めた主要な施策を効果的に推進するためのマネジメントシステムの枠組み・手続きや体制などを示す。

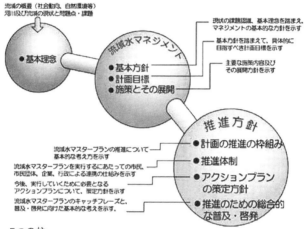

5つの柱
1）洪水安全度の向上、2）平常時の水量の適切化と水質の改善、
3）流域の自然環境の保全回復、4）震災・火災時の安全支援、
5）流域意識の啓発をめざす水辺ふれあいの促進

出典：http://www.ktr.mlit.go.jp/ktr_content/content/000638174.pdf

図19　鶴見川流域水マスタープラン

を共有することも大事であり，共有された目標に向かった方向性が見出しやすく，アクションプランが生まれるということです．そして，行動結果をレビューする体制ができているというところが大事です．

　その際，リーダーシップを取る組織が必要で，河川管理者の方々がリーダーシップを取っていますけれども，リーダーシップの取り方が上手なのだろうと思います．ぐいぐい引っ張ってくるのではなくて，皆で考えて，皆でやりますというような，うまい連携の手順が考え出されています．今後，別の流域でも同じような展開が出てくればいいと思います．

　もう一つの流域単位での活動事例です．これは流域の水管理というよりは，水源保全の試みです．神奈川県が水源環境保全のための税金を導入しました．そのお金をどう使うかという議論に参加しました．一期5年計画で，すでに第2期が始まっています（図20）．興味がある人は，是非当

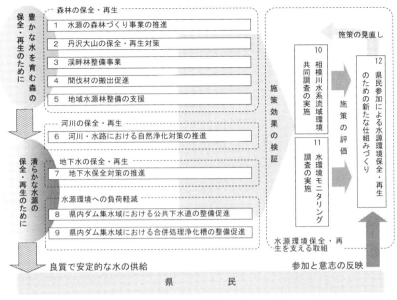

図20 かながわ水源環境保全・再生実行5か年計画

該ホームページを見てください．計画では，12 の事業が示されています．森林の話もあるし，河川の話もあるし，地下水の話もある．さらに上流の水源環境もです．神奈川県は，津久井湖と相模湖に水源を依存しています．その水源域の大部分は，神奈川県ではなく山梨県，富士山山麓なわけです．だから，湖の水をきれいにしようと思えば，県内の湖周辺からの汚濁負荷の削減も大事ですけれども，山梨県でも頑張ってもらわなかったら，水質保全はなかなか進まないのです．

この実行5か年計画を議論するときに，そのお金を使って，山梨県側に汚水処理施設を早く整備した方がいいではないですかと言い続けたのだけれども，「県税は隣の県には使えない」ということらしいですね．最低限できるのは，上流の県の人と一緒にモニタリングすることでした．県を越えて一緒にモニタリングする，共同調査をするということにはお金は使われています．残念ながら，下水道整備や水質保全の合併浄化槽整備は，神奈川県内だけで行われています．だけれども，これはやはり画期的で，流域単位で水源保全のために税金を集めてしっかりとやるということです．

同時に，県民会議ができましたけれども，このような活動にいかに県民を巻き込むかということです．

　今からの行政の力というものは，どれだけ住民を巻き込めるかが勝負の分かれ目で，そのためには情報を上手に提供し，理解を深めてもらう，良いものは良い，悪いものは悪いと上手に説明できて，サポーターを作ることが大事です．味方ができれば，きっと建設的な意見を言ってくれて，皆が納得する目標ができます．目標ができればそれに達成する技術をエンジニアは提供すればいいし，それを実施するための予算をどこかから算段するという仕組みづくりが大事になるだろうなと思います．

　ここからは，水源環境の保全のためにどのようなことが必要かということをまとめた話です（図21）．最初に，流域単位で地域特性を理解するということです．森林は水源環境として着目されていましたが，地下水があまり重要視されていませんでした．流域における地下水という流れをしっかりと理解しない限り難しいです．今回，水循環基本計画の検討のなかで，地下水域，流域＋地下水域という概念が出されました．非常に期待しています．河川の流域と地下水域は一緒ではないということですから，いかに地下水の流れなどを見える化するかということは，大きな一歩になろうかと思います．

　次に必要なのは，水源水質保全のための統合管理システムです．汚濁メカニズムを理解するためにもしっかりとモニタリングすることと，将来どうなるかが分からない限り，効率的な対策は打てないということです．ただ，効率性を追い求めるだけでなく，長い目で見てよいものを生かすことや，失敗を恐れず，そこから学ぶことも大事なのかもしれません．

　水質の浄化技術にはいろいろありますけれども，やはり元を断つのが一番です．そして，汚染源を断ったときにどれだけ効果があるかを定量的に示すことが大事です．要は，点源に対する排水規制がしっかりとなされている現状では，面源対策に対してどう考えるのかが大事だということです．したがって，定量的な面源負荷をしっかりと把握しましょう．その中で，農業や，あるいは森林由来の負荷についてモニタリングデータをためていく必要があるのではないかということです．

　湖への面源負荷に関連して，指定湖沼である琵琶湖や，霞ケ浦や，印旛

> 1）地域特性と流域単位に基づく計画策定
>   ―地下水や森林も意識した総合的水環境管理
> 2）水源水質保全のための管理統合システム
>   ―効率的で，バランスとれた対策技術の適用
> 3）ノンポイント（面源）汚染への取り組み
>   ―定量的評価と効率的な対策へ向けて
> 4）環境情報公開や住民参加の体制づくり
>   ―水源と水利用者との距離を短くするために

図21　水源の環境管理に何が求められているのか

沼などの水質保全対策の議論のなかで，あまり地下水由来の負荷が議論されていないようです．過去の農業活動から判断すると，湖に湧出する地下水水質は変わっているはずなのに，明確に地下水がどれだけ入ってくるかが把握されていません．推測の域を出ませんが，現在までは数十年前の汚染がない時代の地下水が入っているが，地下水の窒素汚染が進行しており，いずれ窒素濃度の高い地下水が湧出する可能性が考えられます．一生懸命，流入負荷を削減しているのですけれども，地下水の湧出で長く窒素負荷が供給されるということもありえます．

　というように，面減負荷を考えるのが非常に重要なのですけれども，地下水も見逃せないということを覚えておいてください．

　水源の環境管理や流域水管理には，情報をいかに住民と共有するのかということです．流域水環境情報のプラットフォームを作る必要があるということを昔から思っています（図22）．その際に，情報データベースは別々に整備されてもいいのですけれども，それがリンクされていればよいと思っています．一つに皆集めるのではなくて，河川や水資源の部局が持っているもの，水道や下水道の部局が持ってもいるもの，それがリンケージされている．リンク型のデータベース化をすることがとても重要だと思っています．

　そのデータベース化のためには，やはりモニタリングをしっかりすることと，流域の水質モデル，あるいは，水循環モデルがあって，水収支や物質収支を定量的に把握することが重要です．それを基礎情報にしながら，水管理，あるいは水資源管理，水環境管理，健全水循環系の管理のための方策を提示するというマネジメントがあるべきで，三つのM，モニタリング，モデリング，そしてマネジメントが大事だということです．実は，

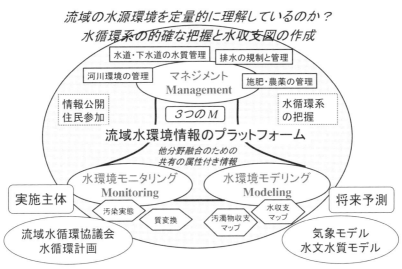

図22 量と質の消費と回復の水循環系マップづくり

この図22の基礎は10年前に作ったものですが,今回,水循環基本法の制定を受けて,流域水循環協議会,水循環基本計画も追加しております.また,気候変動を考慮して,水文水質モデルだけでなく気象モデルも追加している図になっています.

6 水循環基本法と都市の持続的な水利用

次に水循環基本法についてです(図23).もし,まだ読んでない人がいれば,全文を読んでほしいです.おまけに,8月1日が水の日だということも覚えて帰っていただくのもいいかもしれません.もう一つ,2014年には雨水の利用推進の法律も施行されましたので,併せて覚えていただくといいかと思います.図23に示したとおりです.詳しい話はしません.

基本法の第3条には,水循環の重要性,水の公共性,健全な水循環への配慮,先ほど言った流域の総合的管理,そして,水循環に関する国際的協調というものが基本理念として記載されています.ポイントは,理念法なので,具体的な計画をしっかり作り込まないと動かないので,水循環政策本部が設置されました.今,水循環基本計画を策定しつつあります.7月か8月ぐらいに出てくるはずです.そのたたき台案がホームページ上に掲載れており,意見募集を行っている状態なので,ぜひ計画のたたき台

> 2014 年 4 月 2 日（水）公布
>
> 経緯：2014 年 7 月 1 日（火）法律の施行，水循環政策本部発足
> 　　　2014 年 8 月 1 日（金）水の日（法定）
>
> （目的）第一条　この法律は，水循環に関する施策について，基本理念を定め，国，地方公共団体，事業者及び国民の責務を明らかにし，並びに水循環に関する基本的な計画の策定その他水循環に関する施策の基本となる事項を定めるとともに，水循環政策本部を設置することにより，水循環に関する施策を総合的かつ一体的に推進し，もって健全な水循環を維持し，又は回復させ，我が国の経済社会の健全な発展及び国民生活の安定向上に寄与することを目的とする．
>
> **雨水の利用の推進に関する法律**　2014 年 4 月 2 日（水）公布
>
> （目的）第一条　この法律は，近年の気候の変動等に伴い水資源の循環の適正化に取り組むことが課題となっていることを踏まえ，その一環として雨水の利用が果たす役割に鑑み，雨水の利用の推進に関し，国等の責務を明らかにするとともに，基本方針等の策定その他の必要な事項を定めることにより，雨水の利用を推進し，もって水資源の有効な利用を図り，あわせて下水道，河川等への雨水の集中的な流出の抑制に寄与することを目的とする．

図 23　水循環基本法について

案を見ていただくといいかと思います．

　例えば，流域の範囲としては森林から全部沿岸域までとしていること，流域マネジメントのためには，協議会を設置して流域水循環計画を作りましょうとあります．また，地下水については，地下水マネジメントを計画的に推進することも示されています．

　ここで覚えて帰ってほしいことがあります．環境基準として，公共用水域の水質汚濁に関する水質基準があります．対象は，河川と湖沼と海域です．地下水は含みません．だけれども，地下水の水質環境基準が別途あります．ということは，地下水は公共用水域ではないのです．この法律の中では，公共的水域として地下水は定義されています．

　昔から自分の土地の井戸水は利用していいわけだから，地下水は基本的には私的な水ですね．そうなのですけれども，公共的な扱いをする時代が来ているという認識を法律では書いています．地下水というものを，いかに公共的なものとして定義し，把握して，それをどのように位置づけるのかはとても大事だと，私は思っています．地下水の専門家ではないのです．第 2 講の徳永先生の講義を読んでください．

　幸いにも過去 5 年間，科学技術振興機構の戦略的創造研究推進事業のなかで「気候変動に適応した調和型都市圏水利用システムの開発」という

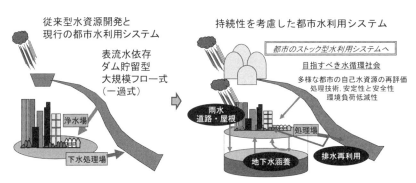

図24 持続性を考慮した都市水循環と水代謝へ

研究をさせていただきました．流域単位で持続可能な水利用システムを構想するために，表流水と地下水以外に，再生水や雨水をどう使うのか，都市にある地下水をどう使うのかということを，水資源や水利用に関わる事業体が住民と議論しながらその方針や施策を作っていく方法論を荒川流域を対象に研究しました．

今日は，研究紹介というよりは，図24について紹介し質問の時間に入りたいと思います．我が国では1970年代からダムを造って，河川下流において取水して，浄水場に導水して，水道水を供給する．そして都市で水利用がされて，利用後の汚水が下水処理場に送られ，処理後に放流するという，一過式の水利用システムを構築してきました．これは，私は間違っているとは思っていませんし，これは日本の経済発展に大きく寄与した成功例です．けれども，やはり見直しの時期が来ています．では，将来に向けてどのような水利用システムと目指すべきなのか．

例えば，再生水を利用する場合を考えます．都市で生まれる再生水をそこで使えば，河川からの取水する量が減るので，川に流れる水量は増えるということです．すなわち，都市にはどういう水が存在しているのかを理解する．その水を，どのような処理技術でどれだけコストをかけて，エネルギーをかけて，安全な水として安定供給できるのかということを考えるわけです．その際，省エネ，環境負荷低減の推進が必要な時代であることが前提です．

そうすると，やはり，雨水や再生水，地下水など都市に存在する自己水源を見直して，ストック型の水利用を考える必要があるという考え方です．

図 24 のような形でストック型の水利用を考えた研究をさせていただきました．この図は，皆さんと将来の水利用をどう考えたらいいか，水資源をどう管理すればいいかの議論をするための，材料として提供したということです．それではそろそろ私からの講義は終わりにして，質疑応答に入りたいと思います．

Q&A　講義後の質疑応答

Q　水循環のプロセスやシステムにおいて，世界と比べて日本が特徴的なもの，その差によって特徴的になっているものを教えていただきたいです．

A　日本の場合では，急峻な地形のため雨が降っても，比較的早く水が流れますね．そして，森林域で涵養された水が河川水となるときれいです．しかし，アメリカンのミシシッピー川や南米のアマゾン川などを考えると，広大な流域から長い時間をかけて水が流入します．その水にはいろいろなものが溶けだします．例えば，ケイ酸の濃度が高いなど，また，地下涵養の時間が長いとカルシウムなどが増えて，硬水となりやすいわけですね．日本が軟水だというのは，さっと降って，さっと出てくる水が多いということです．日本の河川水の水質成分は，大陸の大河川の水とは違うわけです．また，大河川の場合には，きっと流れていく間に蒸発散量も多いので，濃度がどんどん高くなるという傾向もあります．

　なぜ，黒船が日本にやってきたのかの話が日本の水に関係します．きれいな水が日本にはあることが一つの理由だと思われます．そこで横浜が開港され，水道も整備されたわけです．黒船来襲は，きれいな水が豊富にあるところに来たという点があると私は理解しています．

Q　水道法と下水道法がある中で，下水道の役割や目的が変わってきているのにもかかわらず，下水道法での記載は変わっていないというところがありましたが，今後そのような流れがあるのか，それか，今の法律で支障が，何か問題点としてあるのかどうかというところです．

A　法律も変えるべきところがあれば変えてもいいのですけれども，水道法では，比較的目的がクリアです．清浄にして豊富低廉な水を供給するという目的が明確です．下水道に関しては，法の第一条に目的が書いてあります．流域別下水道整備総合計画（流総）の意義や下水道の整備が規定されています．流総は公共用水域の水道保全のためのものです．

　要は，法律に書いてあるから，下水道整備ができるわけですね．法律に書いてない場合には，それなりのプロセスを踏む必要があります．健全な水循環の確保や，あるいは，汚泥を再利用するようなことに対して，法律がなくてもやろうと思えばできるでしょう．しかし，法律の中での位置づけてあげれば，環境負荷の低減などが明確化され，リサイクルなどがさらに推進されると思います．

　下水道を雨水や汚水の排除のため，水洗トイレの発想ではなくて，実は資源やエネルギーを集めているという発想を持って働かせるべきです．例えば，再生水を水資源として扱うべきかということが，今のままでは，読めないのです．やはり少し法律の記載を変えてもいいところがあるのではないかと思っています．

　ただ，最初に言ったように，法律を変えなくても同じことができるのであれば，それはそれでかまわないとも思います．

Q　流域を見たときに，温暖化の問題もあるのですけれども，大きな問題としてもう一つ，人口減少があって，その中で流域の今あるシステムというものが，このままでは延長線上でいけないのではないかと思うのです．例えば，水道システムを維持できるのか，下水道システムもずっと維持できるのか，そのようなところを，人口が減っていく中で，何か先生の持たれているイメージがあれば，お聞かせいただきたいと思います．

A　流域単位で水システムを捉えることが大事な点ですが，そのためには，やはり流域協議会のような組織があって，そこに水道，下水道，河川，農業分野の方々が関わる．要は行政区界や部門を越えた形で，流域の将来像を見据えるかだと思います．現在までに多くの建設投資と整備運用を継続してきています．だからこそ，今このようなシステムができました．質問のように，将来において，人口が減り，水需要が減り，水道料金収入が減

っていく可能性があることから継続性が危ぶまれています．一方で，耐震化も踏まえながら水のインフラを更新しなくてはいけない時代が来ています．

　水道では老朽化問題が進んでいるわけです．下水道は水道よりもっと急速に整備されてきたのですから，非常に短い期間に多くの更新が必要となります．このことを，知っている住民が少なければ，社会に危機感も出ないでしょう．このようなことをきちんと住民に分かるように示すことです．それは，水の利害関係者間の情報共有のためにも，協議会があることが，将来どうすればいいかという答えを生み出すポイントだと，私は思っています．

　そこに大学の先生がどう関わればいいかということも課題です．鶴見川における流域水マスタープランの例を紹介しました．水道・下水道を含めて，水に関する課題のある流域において，チャンピオン的な流域協議会をぜひ作って，模範例を示す．うまくいかなかったことを，失敗と言わないで，改善すべき点のような，建設的に表記しなから，何かチャンピオンモデルを作るといいのでは，と思います．

第2講

水資源の管理と地下水・地下環境

徳永朋祥
東京大学大学院新領域創成科学研究科教授

徳永朋祥（とくなが　ともちか）
1989年東京大学理学部地質学教室卒業. 91年3月東京大学大学院理学系研究科地質学専攻修士課程修了. 91年東京大学工学部助手. 96年3月博士（工学）. 99年1月東京大学大学院工学系研究科助教授. 2005年4月東京大学大学院新領域創成科学研究科環境学専攻助教授. 06年4月東京大学大学院新領域創成科学研究科環境システム学専攻助教授. 07年4月東京大学大学院新領域創成科学研究科環境システム学専攻准教授. 11年3月東京大学大学院新領域創成科学研究科環境システム学専攻教授.

はじめに

今日は地下水の話をします.

地表の水と地下の水とは極めて関係が深いことはもうご承知かと思いますが, ここでは, 特に地下水や水循環といった観点について述べてみたいと思います.

地球は水の惑星といわれていますが, 実は, 地球は塩水の惑星なのです. 地球は水があるから青いといわれますが, その水のうちの体積にして97.5% は塩水です. ですから, 私たちが普通の生活に使うことができる可能性のある水, すなわち淡水の量は, 2.5% しかないということになるのです. さらに, その 2.5% のうちの 3 分の 2 は氷として固定されていますので, 実は 2.5% の 3 分の 1 ぐらいが, 私たちが使える液体の淡水ということになります.

そして, その液体の淡水のほとんどすべては地下水です. 私たちは雨水や表流水に強く依存した生活をしているわけですが, 地球規模では, 量的な観点から, どこにどれだけの量の水があるかを考えますと, 地下水は非常に重要な資源になってくるわけです.

一方で, 日本で使われている生活用水はだいたい 7 割ぐらいが表流水といわれていて, 残りが地下水です. これは, 地域によって違います. 例えば熊本市は 100% 地下水を使っています.

これは沖大幹先生らがまとめられた資料ですが (図1), 四角で囲ってあるものが貯留量です. 地球上には水を貯めているいろいろな「器」があり, それらの器にどれだけ水が貯まっているかということを示した量です. 矢印で行ったり来たりしているものが循環量で, その数値は, 一つの器から別の器にどれぐらいの流量で動いているかということを示しています. それが十分な量である場合は, 例えば河川を流れている水の一部を私たちは使い, 水資源が確保できるというわけです. ですから, 流れているものを使うか, 貯まっているものを使うかという話が, 水資源の議論では重要になってきます.

違う言い方をすれば, 場所や条件に応じて, 水資源をどのように取り扱っていくかということが大きく変わることを, 頭に入れておかなくてはい

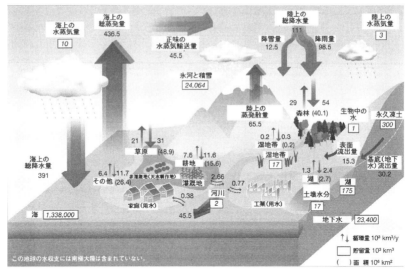

図1 地球表層の水循環量と貯留量（沖・鼎, 2007）

けません．淡水の総量はこれで，地下水はそのうちのこれだけですから，とにかく私たちは地下水に依存するのですというような風潮がたまにありますが，そのような単純な話でもないのです．

1 循環する地下水

実際に，循環する地下水について比較的分かりやすいのは，富山県の砺波平野というところです（図2）．ここに大きな河川が2本あります．庄川と小矢部川です．2本とも一級河川です．砺波平野は，実は扇状地になっています．

庄川は，扇状地上を下流に行くにつれて流量が減っていく河川ですが，このような河川を失水河川といいます．どこに失水しているかといいますと，地下に水が浸透しているのです．一方，小矢部川は，下流に流れて行けば行くほど流量が増えていく河川で，このような河川を得水河川といいます．川が流れて下流に行けば行くほど，周りの地下水から水をもらっているわけです．

何が起こっているかといいますと，砺波平野が，地下水を通して庄川の側から小矢部川の側へ水を流しているのです．ですので，河川の流域にお

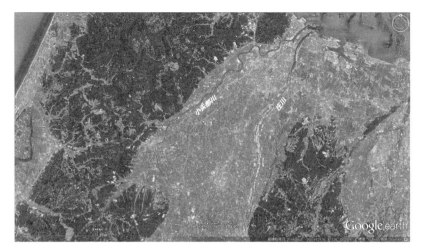

図2　砺波平野を流れる庄川（失水河川）と小矢部川（得水河川）

いて，水資源や水の量を議論するときには，条件によっては，複数の河川全体を一つとして考える方が，合理性が高い場合があるということにもなります．

2　非再生可能な地下水

世界に話が飛んでしまいますが，サハラ砂漠の下にも地下水はあります．私がサハラ砂漠に調査に行ったときですが，砂漠の中にぽつんと井戸があって，そこから70 m ぐらい下に地下水があるわけです．それは淡水です．

このような地下水は，ある種，再生が可能ではない地下水なのです．この近くは年間30 mm ぐらいしか雨が降りませんので，そこに降った水は蒸発して大気中に戻ってしまいます．そのため，サハラ砂漠の地下水は，今は涵養されていない地下水といえます．ですから，これは使えば使うほど減っていく地下水になります．このように，地下水は，条件によっていろいろなことを考える必要があり，理解を深めることが大事になってきます．

(1)　ヌビア帯水層の地下水

この地域には，ヌビア帯水層といわれる地下水が貯まっている地層が広く分布していることが知られています．スーダン，チャド，リビア，エジ

プトという四つの国をまたがる，地下水が貯まっている地層であり，1つの帯水層を四つの国が共有していることになります．ですから，適切なルールと適切な管理をしないと，国際的な問題になり，実際，そのようなことも起こっています．

国をまたいだ水資源管理は，国際的には非常に重要な課題になっています．一つの国内でも，自治体を越えて水循環をしているところは普通にあって，そのようなところの水管理をどうするかは，科学・技術の問題とは別の，社会的な観点も含んだ重要な問題になってきます．

(2) ヌビア帯水層の地下水年代

ヌビア帯水層の地下水は，どれぐらい古いかということがすでに調べられており，数万年前に地下に涵養した水が，現在，サハラ砂漠の下にあるといわれています．世界の中で最も乾燥している地域の一つとしてよく議論されるサハラ砂漠の下に，数万年前には水が供給されていたということになります．それをどのように考えるかというときに，「水がどこから来たのか」を探る必要があります．

(3) 地下水の起源を探る（水素安定同位体比）

水素には質量数が 1，2，3 という，三つの同位体があります．質量数が 1 と 2 の水素は変化しないのですが，質量数 3 の水素はトリチウムといい，放射性壊変をするものです．トリチウムの半減期は 12.3 年ぐらいなので比較的早く壊変するのですが，ここでは，質量数 1 と 2 の水素の割合を使って考えてみることをします．

水の中に存在する質量数が 1 と 2 の水素の割合は，しばしば δ 値というものを用いて示しますが，これは，どれぐらいの割合で質量数 2 の水素があるかを示すものです．δ 値は，

$$\delta^2H = \left(\frac{\left(\frac{^2H}{^1H} \right)_{試料}}{\left(\frac{^2H}{^1H} \right)_{標準物質}} - 1 \right) \times 1000 \quad (‰)$$

で求められるもので，標準物質は標準海水といわれるものです．ですから，この値が低いということは，試料の中にある重い水素の量が少ないという

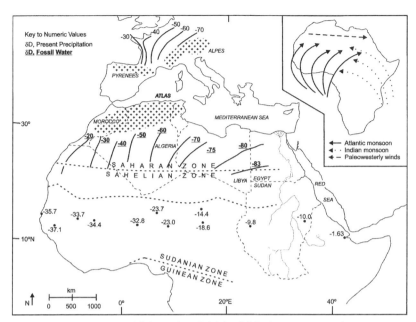

図3 アフリカ中北部の地下水の水素安定同位体比（Sultan et al., 1997）

ことになります．

ここで図3を見ますと，特徴的なことが二つ分かると思います．サハラ砂漠に沿って，西から東へ行くと$\delta^2 H$が低くなっていきます．一方，北緯10°のあたりでは，東から西へ行くと$\delta^2 H$が低くなっていくということが起こっています．

$\delta^2 H$が，ある方向に向かって低くなっていくのは，どちらから雨雲が移動し，雨を降らしているかによって説明できる場合があります．

同位体は，物理的にはほとんど同じ性質をもっているのですが，水から水蒸気に変わるときや，水蒸気から水に変わるときなど，状態を変えるときにわずかに違う振る舞いをします．言葉で説明すれば，液体から気体に変わるときには，軽い水素の方がわずかに多く気体に移るという特徴をもちます．そこで少し量比が変わるのです．気体から液体になるときには，重たい水素が液体の方にわずかに多く移るという傾向をもちます．

そうしますと，標準物質（標準海水）は$\delta^2 H$がゼロなのですが，それが蒸発すると，わずかに$^1 H$が蒸発した方に多くなりますから，前出の式を見ますと，$\delta^2 H$は低くなることがわかります．$\delta^2 H$が低い値をもつ水蒸気

が雲を作るときには，今度は蒸発しているものが凝縮して水になりますので，わずかに^{2}Hが多く水滴の方に集まってきますので，水滴のδ^2Hは，水蒸気のそれよりも高くなります．

　そうすると，少し重たい水素が多い水が雨となって降って，水蒸気から取り去られてしまうので，残った水蒸気の中のδ^2Hはもっと低くなってしまうわけです．さらに，今度はもっと軽くなった水蒸気から雨粒になって落ちてきますので，雨粒を作る水蒸気よりもδ^2Hは高くなるわけですが，1回目に降った水よりは低いということになります．ですから，δ^2Hが低くなっていくということは，雲がそちらの方向へ移動している（いた）ということを意味しているわけです．

　ここで，図3をもう一度見ますと，サハラ砂漠のあたりは，西から東に向かってδ^2Hが低くなっていますので，西から東に向かって雲が移動し，雨が降っていたということを強く示唆するわけです．一方，アフリカ中部は熱帯雨林ですので，現在起こっている現象が反映されているとすると，ここでは，インド洋からのモンスーンによって，東から西に向かって空気が移動していくことが知られていますので，その結果，雨を降らす雲が東から西へ移動していき，西へ行けば行くほどδ^2Hが低くなるということが起こってきます．

　サハラ砂漠の地下水は，数万年ぐらい前の水ですが，当時，西から東に風が流れていたということを考えますと，どうも数万年前，サハラ砂漠は雨が降る環境で，大西洋から東に向かって吹いていく風に伴って雨が降り，その水が涵養した地下水であるということになるのです．

　日本のように温暖湿潤で，山から平野への地形勾配がきつく，水が速く流れているようなところは循環している水を使うことができますし，一方でサハラ砂漠のように，そうではないところは，水に対するまったく違う戦略を取らないといけないということになります．

3　揚水される地下水はどこから来るか

　地下水を利用するときには，地下水を汲み上げるわけですが，汲み上げられる水はどこから来るのかということを正確に知っておく必要があります．地下水は，主に三つの違う理由で井戸まできます．一つは，帯水層自

体が水を貯めこむ能力をもっており，それを貯留性といいますが，その貯留性によって水が出てくるということです．帯水層自体がスポンジのようなもので，それが水を貯めているとき，少し縮むことによって，自分の中から水を吐き出します．

もう一つは，井戸から水を汲み上げると，井戸周辺の圧力や帯水層中の圧力が下がるので，その上や下の地層中の地下水との圧力差が発生し，わずかですが，水が絞り出されます．これが結構無視できないのです．上と下が泥っぽい地層で水を通しにくく，単位面積当たりの水の絞り出し量が少ないとしても，それが広がっている領域は井戸の周りに広くあるわけです．この量はけっこう無視できません．

もう一つは，圧力差が発生することによって，帯水層に沿って横から水を運んでくるということです．これも非常に大きいのですが，この現象は，圧力差が発生する領域の中に限られることになります．

(1) 「誘発」涵養量の時間変化（数値解析）

このことをよく表しているのは，関東平野付近で，どこから地下に水が入ってくるかということを計算で求めた事例です（図4）．この図では，関東平野の中で薄い色で示されている領域から地下に水が入っていっていることを表しているのですが，その場所は，時間とともに変わっていることがわかると思います．すなわち，1960年代，70年代頃は，東京の武蔵野台地と下町低地の境目ぐらいのところ（図の中心よりやや左下の部分）から，たくさん水が下に入り込んでいく傾向がありました．

これはなぜかといいますと，東京の下町のあたりで大量に地下水を汲んでいたからです．大量に地下水を汲んでいたので，上からも横からも水を引っ張ってきたいのですが，下町のところには水を通しにくい地層がありますので，そこからは水があまりたくさん地下に入らず，すぐ横のところからたくさん水を地下に涵養させていたというのが，この計算の結果です．その後，1970年代以降，下町のあたりでは地下水を使わなくなりましたので，地下水の「誘発」涵養が減っていきました．そのかわり，関東平野の北の方で地下水をたくさん使うようになり，そこで地下に水が入っています．

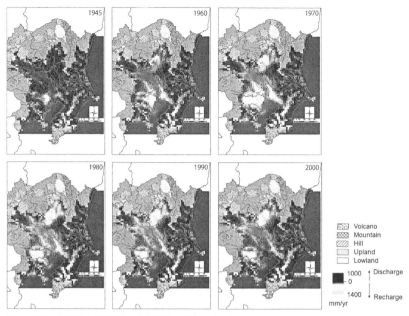

図4 「誘発」涵養量の時間変化を数値解析で検討した例(Aichi and Tokunaga, 2008に基づき作成(徳永,2016))

　地下水を涵養するということを積極的に考えるときには，どこから水が入るのかということをよく知ることが大事であるということと，もう一つは，どこで水を使うとどのあたりから水をもってくるのかということをよく理解することが大事なのだろうと思います．

　また，地下水を涵養させることは本当に常に良いことかといいますと，実はそうでもないことがあって，これは非常に悩ましい問題です．

---

(2) 地下水を涵養させることは常に良いことか？

　アメリカのウィスコンシン州では，Groundwater flooding という現象が起きることが知られています．これは，大雨の後などに，地下水面が，地表より上まで上がってきてしまう現象のことをいいます．そうすると，これは河川の洪水のように速やかに引いてはくれないのです．地下水の動きは非常にゆっくりですので，この洪水はずっと続くことになります．

　私のいる東大の柏の葉キャンパスでも，1日で二百数十mmの雨が降ったときに，少し標高の低いところでは Groundwater flooding が起こりま

した.

水循環に基づいて考えることは，地下水を考えている人間としては非常に重要なことだと思っています．その中で，「地下水の涵養」がよくキーワードになります．地下水の涵養は確かに重要ですが，どのような状況でもそのようにいって良いかどうかは，気をつけて議論をする必要があると思っています．特に，涵養を強化するということが地下水の資源を増やし得るのかどうかということです．地下水利用をしている領域からとても離れたところで涵養をしたら，それが現在利用している地下水資源を増やすかといいますと，そこについては丁寧な議論の必要があるのではないかと思っているところです．

4　東京の地下水について

東京の地下水について歴史的な経緯を含めて話をして，皆さんに水資源管理や都市開発などを考えていただければと思います．

東京にはゼロメートル地帯があり，地盤沈下が顕著に起こった時期があったということはよくご存じだと思います．

図5は，横軸が時間で，縦軸に三つのものを描いています．一つは，地下水を観測している井戸の水位がどのように時間とともに変わったかということです．1945年に第二次世界大戦が終わって，東京はほとんど経済活動がストップしたわけですが，そのときには，観測している井戸の水位はかなり戻っています．その後の戦後復興で，大量に地下水を使い，その結果，観測している井戸の水位が−60 m にまで至っています．ところが，様々な理由で，それが今は元に戻ってきています．

第二次世界大戦の前には，きちんとした地下水の計測は行われていないのですが，当時の地下水開発で掘削した井戸の水位を見ていきますと，時間とともに下がっていますので，当時も，東京では地下水をたくさん使っていたことが想定されるわけです．

図5には地盤の変動量も示されています．明治24年に比べると，江東区の亀戸では，4 m を超えるような沈下をしています．これはほとんどが地下水利用や水溶性天然ガス開発に伴う地盤変形です．

また，この図には，江東区・墨田区の地下水利用の状況も示されていま

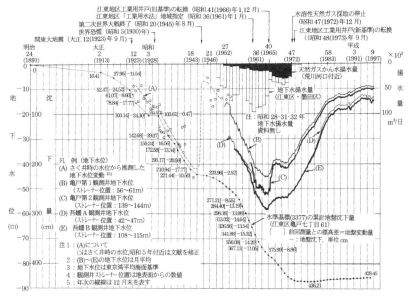

図5 東京都区部における地下水・天然ガスかん水の揚水量(下向きの棒グラフ)と被圧地下水層に設置した観測井の井戸水位(実線),地盤沈下量(黒丸つき実線)の推移(遠藤ほか,2001を一部修正)

す.大規模な地盤沈下が発生したために,1972年以降,地下水利用はほぼゼロになっています.今でも,東京の西に位置する武蔵野台地では水道水源として地下水を使っていますが,東の方では原則地下水は使えない状況になっています.

図6がその結果としての下町の標高の現状で,いちばん濃い部分は東京湾の干潮面よりも地表面が低いということを示しています.また,次に濃い色の部分は,高潮位よりも地表面が低い領域です.満潮のときには,これらの地域は海面よりも低いことになります.

ゼロメートル地帯のもう一つの問題は,雨水の排水です.例えば,この地域では,相当大量のエネルギーを投入して,水をポンプアップすることが必要になっています.このようなこと自体,東京がエネルギー依存型の都市であるということを意味しているわけです.

5 被圧帯水層から不圧帯水層への変化

もう一つ,すでにほぼ忘れ去られていますが,地盤沈下に伴い,非常に大きな問題が発生しています.それは,地下水利用に伴い,もともと被圧

図6 東京下町低地の地盤高分布（東京都建設局，2000を一部改変）

帯水層だったところが不圧帯水層になってしまうということです．

　図7はその事例で，点線のところより上が水を通しにくい地層で，その下にあるのが水を通しやすい地層です．図中に，水を通しやすい地層に設置した井戸の水位が示されています．この水位がずっと下がってきて，点線のところ以下になると，地層の境界と水位の高さの間の領域には空気が入ることになります．そうすると，この地層は不圧帯水層的な挙動をするわけです．地下水を使わなくなって地下水が戻ってくると，点線よりも上に井戸の水位が上がり，被圧帯水層になります．繰り返しですが，不圧帯水層的な挙動をしたということは，その地層の一部に空気があったということなのです．

　図8は，東京のある井戸で行った観測の結果です．大気圧の変化から，この期間に，まず，低気圧がやってきて，その後高気圧がやってきたことがわかります．空気の流出入量は，井戸の口元で，空気が井戸から流出しているか，流入しているかを測ったものです．これは1972年なので，図7に見られるような不圧帯水層的になっている領域があった時期です．

　すなわち，地下に空気のプールがあって，そこと大気との空気のやり取

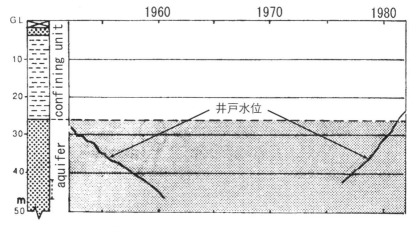

図7 帯水層の被圧状態と不圧状態の変化（遠藤・石井, 1984に加筆）

りが，井戸を通して行われていた時期ということです．低気圧がやってくると，地下にある空気の圧力が大気圧よりも少し高くなり，下から空気が流出します．高気圧がやってくると，空気が地下に流入するということが起こっていたということです．

図8からは，地下から上がってくる空気の酸素濃度が7%ぐらいまで下がっていたということがわかります．このように，酸素濃度が極めて低い空気が，ときどき私たちの生活圏に戻ってくることがありました．このような事象は，東京ではおそらくもう起こらないとは思うのですが，東南アジアのいくつかの国では，地下水を積極的に開発しながら，かつ地下空間の開発も行っていますので，東京で起こった事故と似たようなことが起こらなければいいなと，心配しているところではあります．

東京では，結局，地盤沈下の問題等があって，地下水利用は規制されてきたわけです．

その結果，地下水は図5に見られるように戻ってきて，地盤沈下も起こらなくなったのですが，一つこの中で忘れていることがあります．今まで使っていた地下水が使えなくなった結果，どこから水を供給するかということです．地下水の観点からいいますと，地下水を使わなくなって，その結果，地下水が戻って良かったのですが，都市という観点からいいますと，今まで使っていた水資源を使わないという判断をしたわけですから，

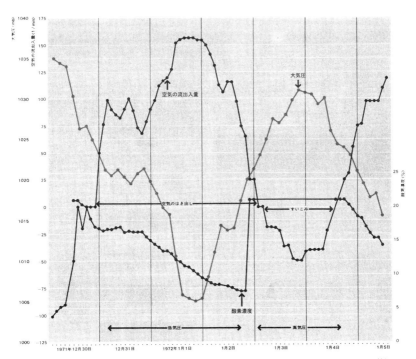

図8 大気圧の変化に伴う井戸からの空気の流出入と空気中の酸素濃度（山本ほか，1973に加筆）

違う水資源をきちんと開発しないといけないということになります．その一つが，利根川上流開発です．

地下水が戻ってくることに伴って新しい問題が発生してきています．図9は，2004年の新聞なのですが，「上野・地下駅 浮上の危機」と書いてあり，地下水位がホームより18m上になった，ということを伝えています．

これはどのようなことかといいますと，新幹線の上野駅は箱型の構造物になっていて，これを造り始めたときは，駅の底盤よりも地下水位が低かったといわれています．その後，地下水が戻ることによって，駅の底盤よりも地下水が上がってきてしまったということになって，浮上の危機を迎えているということです．

以前は，このような問題に関する対策技術がなかったので，最初は上野の新幹線の駅のプラットホームの下に鉄の重りを置いて，重さをかせいで浮かぶのを止めようとしていたわけです．その後，技術開発によって，水

図9　2004年5月19日『朝日新聞』(朝刊)の記事より

圧がかかっているようなところでも，穴を掘ってワイヤーを入れ，駅を地盤中に固定することができるようになりました．

　日本の都市というのは，そのような状況になっていて，地下水の利用や保全などを考えるにおいても，いろいろな観点からの問題があるわけです．地盤沈下をさせたくないという立場の方々は，地下水をまた使えば水位が下がり，地盤沈下を再び引き起こすことは十分あり得るでしょうということを強く意識することになります．そうすると，地下水の利用はやはり今も減らすべきで，現在の状態が保たれているのは，地下水を使わなくなっているからだという主張になるでしょう．

　地下の構造物をもっている人たち，もしくは私たちの社会のインフラを利用する立場からいいますと，地下水の水位が高いと構造物の維持管理費用が高くなって，それは社会に対する負荷をかけていることになります．それは，社会インフラを利用する費用を高くする（例えば電車賃を高くする）のか，それとも税金を使うのか，いろいろな考え方がありますが，いずれにせよ私たちはそれに対する何らかの支払いをしないといけないことになります．そうすると，地下水を現状のままにするのではなく，下げるほうが良いという話もあり得ます．

　このように，立場によって考え方が違ってくるものをどのように解決し

ていくのかということが，これからの課題，特に都市の地下水の利用や保全の議論をするときには，非常に重要になってくると思います．

6 世界の地盤沈下

実は，地盤沈下そのものの問題は，東京では1970年代・80年代でほぼ終息しているのですが，世界的には今もずっと続いている問題なのです．世界中，だいたいどこでも地盤沈下の問題はあります．それは，冒頭の話にあったように，使える淡水のうち，量で議論をすると，ほとんどすべてが地下水であるということにも関連します．特に，乾燥地域では地下水が主要な水資源になるので，それを使うと地盤沈下が起こってしまう場合があります．

もう一つは，帯水層をうまく見つけないといけないということはありますが，単純にいうと，地下にはだいたいどこにでも地下水はありますので，それを利用するというのは相対的に安価になることが多く，その結果，地下水がよく使われます．そうすると，世界中の様々なところで地盤沈下が起こり得るということになります．

フィリピンのマニラでの事例で，ちょっと面白い話があります．マニラでは，海水面が上がっているということが議論されています．その海面変化は，1970年以前は年間1mmぐらいのわずかずつの海面上昇だったのですが，最近は急激になってきています．

これは地球温暖化が原因ではないかというようなことがいわれたりもしたのですが，地下水の利用も，海面が急激に上昇した時期から急速に増えています．海面変化は，相対的なものですので，これは地下水を使うことによって地盤沈下をしてしまったということと，海面が実際に上昇しているのと，その両方の結果なのです．

7 環境保全技術の構築にむけて

今まで述べてきたことは，地下水に関わる問題，涵養の話，地盤沈下の話，地下水保全の話，地下水を使うことを止めるとどのような問題があるか，といったことなのですが，それらをどのように解決していくかということを考える必要があると思います．その場合，地下で起こっている現象

は直接見ることができないので，できるだけいろいろな観測をし，さらに，モデルを使うことで，理解を深めることが必要であると考えています．その理解に基づいて管理をし，仮に間違えていたら，再び検討をやり直していきます，ということを繰り返すのだろうと思っていて，このような観点からの技術開発として私たちがやっていることの一つは，地下水の流れと，地盤の沈下を含む変形について，モデルを作るということです．

　もう一つは，観測をするということです．最近は，衛星から地盤の変動を精度良く測れることになっていますので，それをうまく使うことを目指しています．

　これらを組み合わせて，まずは，モデルに基づいて，「Aという開発をすると，このように地下水が使われて，このような影響が出てきます」というシナリオA，「Bという開発をすると，このような結果になって，このような地域がこのように影響を受けます」というシナリオB，さらには，「Cという開発をすると，このようになります」というシナリオCを見せて，それらも情報として認識したうえで，地域社会と一緒に考えていくことが望ましいのではないかと思っています．

　技術をやっていると，「おそらくこれがいい」という解はあると思うのですが，それを押しつけるのではなく，こうすればこのようになり，違うようにすると違うような結果が出てきますということを予測して示すことができれば，それらを用いて地域の人たちと話をしながら答えを求めていくことができると思います．

　私たちは，現在，関東地域の地下水がどう流れるのかという大きな空間スケールのモデル化と同時に，地盤沈下が起こっている地域の近くをできるだけ細かくモデル化することを組み合わせ，現象をよく再現できるツールを作っています．

　図10は，茨城県，埼玉県，群馬県の三つの県が接している北関東での計算結果です．左側の図で点と線で描かれているものは，ある地点での井戸水位がどのように変化しているかという観測値です．一方，線で描いているのが，それを計算で再現したものです．完璧ではないのですが，それなりによく再現できるツールになっています．

　図10の右側が地盤変動量で，横軸が時間です．年に1回行っている水

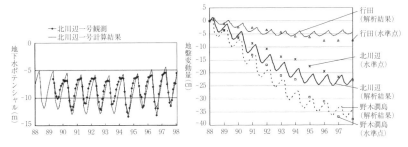

図10 北関東における地下水挙動と地盤変動の解析結果と観測値の比較（愛知，2009）

準測量の結果が，三角やバツなどで描かれているもので，線で結ばれているものは計算の結果を示したものです．これも完璧ではないのですが，それなりによくモデル化されています．これらがうまく合っていないところは，計算に用いるモデルの修正を行う，ということになりますが，現時点でもこの図に示すぐらいまでよくなっているということです．

　東京でなぜ地盤沈下が起きたかといいますと，10年以上大規模に地下水を利用したことによって，大きな地盤沈下が起こったわけですけれども，図10では，井戸が示す水位を毎年上げたり下げたりして，平均的には変えないということをしていますが，それでも30 cmぐらいの地盤沈下は起こり得るということが示されているということで，これは興味深い現象だと思っています．

　モデルを使って計算することによって，なぜこのような現象が起こるのかということの理解も明確になってきます．また，このようなモデルを使って，シナリオA・B・Cというものを提示していくことが，これからはできるのではないかと思っています．

　もう一つは，観測ですが，これは合成開口レーダといわれるものを使っています．衛星から1回電磁波を飛ばし，それが地表で反射して戻ってくるのを計測します．2回目にまた衛星が飛んできたときに同様に測るのですが，それを干渉させて，波の位相がどれぐらいずれているかを用いて，衛星にどれぐらい地面が近づいているか，もしくは衛星からどれだけ地面が離れているかということを測る技術です．これは相当精度が良くなってきており，日本のようなところでも，年間1 cmぐらいの変動でしたら，測ることができると私たちは評価しています．

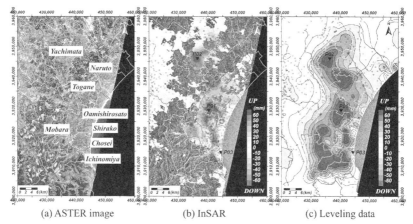

図 11 合成開口レーダ (InSAR) による地盤変動観測 (出口ほか, 2009)

　このようなアプローチで観測を行った結果を図 11 に示します．これは，九十九里平野が対象地域です．大網白里市，白子町，茂原市などがあるところですが，そこの一部では，年間 2 cm ぐらいの地盤沈下が現在も継続しており，そこをターゲットに衛星を使った計測を行いました．それが，図 11 の真ん中の図です．また，図 11 の右側の図は，水準測量ですが，それと合成開口レーダによる結果との比較をしたものです．

　図 11 の結果を得た頃は，まだ，山が多いところの計測がうまくできなかったため，都市域のところでの比較になりますが，図 11 (b)(c) の P01，P02，P03 の地点を抽出して，水準測量と衛星から見たものを比較したものが図 12 に示されています．図中の三角が水準測量の結果で，点で示しているのが衛星からの観測になります．

　人工衛星からこれぐらいよく地盤の変動を監視することができるようになっていますので，前述したように，あるシナリオで地下水利用をしたときに，実際にはどうなるかということを衛星からの観測結果を用いて管理することができるのではないかと思っています．このような管理をし，私たちが思っていることと少し違う挙動が起こってくると，地下水利用を一時的に休止し，もう 1 回考え直す必要も出てくるのだと考えます．それが観測とモデリングを組み合わせて管理をするというものの考え方です．

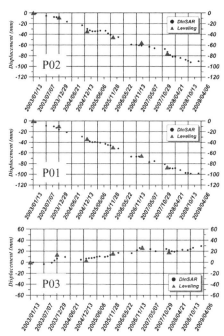

図12 水準測量（▲）と合成開口レーダ観測結果（●）の比較（出口ほか，2009）

8 気候変動と地下水

　もう一つ，考えていただきたいと思うことは，水資源の長期的な安定性の話です．国土交通省さんから出されている資料には，日本の最近110年ぐらいの年間降水量の変化が示されており，全体として，年間降水量がわずかずつ減っているということが分かりますが，それ以上に，私が重要に思っていることは，降水量の年変動の大きさです．最近では，雨がたくさん降る年と，降らない年という，降水量の変動幅が大きくなってきているように見えます．

　これは，表流水に基づく水の安定的な供給に対して問題を発生させる可能性をはらんでいて，日本ではまだ起こっていないのですが，台湾での事例が参考になります．台湾では，日本と同じように，地盤沈下が起こり，問題になったので，地下水から地表水への水源転換を行っています．ところが，最近は，水利用の総量は変わらないけれども，地下水の利用量が増

えています．この要因の一つとして，雨の降り方が非常に激しくなってきていることがあげられます．その結果，表流水の安定した供給が難しくなりはじめ，地下水をいま一度水資源として積極的に使おうとしているというように解釈されています．

　将来の都市や社会をどう作っていくかというときの水資源供給は非常に重要なのですが，その中でも地下水をどう位置づけて，また，表流水をどう位置づけるか，どのようにうまくニーズに合わせていくのかということが，これからの知恵の使いどころかと思っています．

おわりに

　地下水は人類にとって主要な淡水資源ですが，地下水を利用すると，地表や地下の環境に様々な変化をもたらします．人間の活動は，いろいろな影響を自然に対して与えるわけです．そのような理解に基づけば，適切な地下水の管理や保全が，東京のような成熟した都市も，これから開発が進む都市も，どちらにも重要になってくるということは間違いないと思います．

　一方で，この問題を考えるにあたり，取り扱っている対象は，直接目で見ることができないものなので，その点は，非常に悩ましい限りです．私は，観測とモデル化と予測を高度に行い，科学・技術の観点から適切な情報を示すことを通して，地域社会の意思決定に必要な情報提供をして，地域社会と一緒に考えていくことが重要だと思っています．それによって，より良い社会というものが構築されるのではないかと考えていますし，それをすることが今後期待されるのではないでしょうか．

Q&A　　講義後の質疑応答

Q　水資源として水環境を考えるとき，利根川のように流域が県をまたぐ川，都内にあるよう中小河川をどうように考えればいいのでしょうか？

A　流域をどう捉えるかというところの考え方によると思っています．地

下水に関する流域の定義と河川の流域の定義が一致しないことはしばしばあります．そこは十分に留意しておかないと，水循環をトータルで考えるのに，河川の流域だけで考えるということをしてしまいますと，地下水を置いてきぼりにするのではないかという気がしています．

どのスケールで考えれば良いかは，どのような水の使い方をするかというところの意思に強く依存していると思っています．例えば，地下水で定義できる流域で考えれば済むかというと，それほど単純でもないと思っています．そこでは地域の人たちが水をどのように利用して，どのように保全しようと考えるか，そして，自然の系がどのように動いているかということを考えていくことが必要だと思います．それがおそらく，いわゆる流域協議会の一つの鍵になるのではないかと思っています．

Q　地下水を管理するうえで，滞留時間，つまり，地下水の器にどれくらい地下水が存在している時間があるかということを知ることは重要だと思うのです．それで，もちろん入ってくる量や器の大きさによっても当然変わってくると思うのですが，そのあたりに関する知見や研究があれば教えていただきたいと思います．

A　それは，非常に重要です．地下水盆の中で，地下水がどれぐらい速く動いているかは，そこの水をどう利用するかということに関して，本質的に重要な情報の一つです．ですから，私たちも調査をするときに，地下水がどれぐらいの滞留時間を示すのかということはよく議論します．非常にざっくりとまとめられている教科書的なものでは，地下水の平均滞留時間は2週間から1万年程度と書かれています．ですから，それは条件によってすごく違うということで，それを知ることが大事であるということはそのとおりです．

Q　適切な地下水の管理が大事だということですが，適切な目標に応じて適切な地下水の管理とはなんなのでしょうか？

A　目標に応じた適切な管理というのは，個別に決めていくものであると思います．例えば，地盤沈下を起こさないで水を利用しようとすると，それに対する基準を決めて，地盤沈下がその基準以下になるように水をうま

く使うためには，どのような使い方がありますかというようなことを考えていくことで，答えが出てくると思います．

　一方で，地下水が湧出する場は，生態系に対してかなり大きなインパクトを与える場になっているということは，よく知られています．すなわち，地下水が湧出するところに特有の生物種がいることもあり，それらを保全するということも目標になるとすると，まったく違う答えになるという気がします．

　私がいっていることが漠然としてしまうのは，実は基準を決めないで議論しているからです．それを誰が決めるかというと，私は地域だと思っているのです．地域が，どのような環境を自分たちが本当に良いと思うのかに基づいて，それに対する最適化をするべきであると思っています．技術の観点からこうした方が良いですというアプローチはよくやられる方法なのですが，それとはまた違うやり方として，地域が「このような場が良い」と思うことに対して，最適な管理というのを技術的な観点からがサポートするという，そのようなおつきあいのしかたがあり得るのかなと思っていて，そこで目標や基準を決めれば良いのではないかと思っています．

　そこでＡという目標が決まったら，それに対する管理の方針などがおそらく決められ，それに対する技術メニューが出てくるのではないかと思っています．技術があまり前に出すぎないような社会とのおつきあいのようなものができると，共有資源の管理では，利害関係者の合意も比較的得やすいのではないかと思っています．これは，正しくないかもしれないし，また，ナイーブすぎるのかもしれないのですが，このようなことを最近よく考えるようになってきています．

第3講
世界の水問題・水ビジネス

沖　大幹
東京大学生産技術研究所教授

沖　大幹（おき　たいかん）

1987年東京大学工学部土木工学科卒業．89年東京大学大学院工学系研究科土木工学専攻修了．89年東京大学生産技術研究所助手．1993年博士（工学）．95年東京大学生産技術研究所講師．97年生産技術研究所助教授．02年総合地球環境学研究所助教授などを経て，06年より東京大学生産技術研究所教授．16年6月より総長特任補佐，10月より国際連合大学上級副学長，国際連合事務次長補（次長級）を兼務．
著書に『水の未来——グローバルリスクと日本』（岩波新書，2016年），『水危機 ほんとうの話』（新潮選書，2012年）ほか．

はじめに

今日は世界の水問題と水ビジネス，そして気候変動についてお話しします．

1 世界の水問題

日本国内で『日本経済新聞』などが毎週のように水問題に関連する話題を取り上げ始めたのは，2006～2007年ぐらいからだと思います．世界的には，21世紀になる頃に，「20世紀は石油をめぐる紛争の世紀だったけれども，今のままの状態が続けば，21世紀には水をめぐる紛争の世紀になる」ということをおっしゃった方がいて，ようやく水問題の深刻さが認識されるようになりました．

しかし，「では，水の何が問題なのだろう？」という点は，あいかわらず分かりにくくなっています．飲み水の話と農業生産や工業生産に使われる水，あるいはエネルギー生産に必要な冷却用の水，生態系が使う水，これらを分けて考える必要があります．

(1) 命の水——安全な水へのアクセス

まず，国際的に一番問題になるのは，「死ぬか，死なないか」という観点から「安全な飲み水へのアクセス」です．「安全な水へのアクセスがある」というのは，自宅から1km以内で1人20L/日得られるというのが目安です．したがって，自宅に水道が来ていない人は皆，「安全な水へのアクセスがない」かといえば，そうではなくて，自宅から800mぐらいのところに井戸があって，1人20L得られれば，その人は「安全な水へのアクセスがある」というふうにみなされます．

現在，2015年時点でも，世界人口の約10分の1，7億人弱が，「安全な水へのアクセスがない」そうです．そういう方々は，1km，15分以上歩かないと安全な水を得られないか，大変なので安全でない自宅付近の水を飲んでいるのです．そうすると，考えられる一番の問題は，健康被害です．安全な水さえあれば亡くならずに済んだ乳幼児が年間160万人——これは大体コレラの死亡数というように聞いていますけれども——いるという

ことが問題だ，として取り上げられるわけです．

　皆さんご承知の通り，国連では，2000年に「ミレニアム宣言」が採択されて，いろいろな目標が掲げられました．その後「ミレニアム開発目標」として取りまとめられて，「2015年までに，安全な飲み水へのアクセスがない人口割合を半減する」という目標が立てられました．1990年には，世界人口約53億人のうち約13億の人が安全な飲み水へのアクセスがなかったところ，2010年には，人口が約69億に増えたのに，安全な飲み水へのアクセスがない人口は8億人弱に減りました．すなわち24％だった割合が11％ぐらいに減ったということで，水へのターゲットは前倒しで達成されたのです．

(2)　豊かな水──農業・工業のための水

　次に農業生産，工業生産のための水です．1995年前には年間4,000 km^{3}弱取水していたところ，2025年には3割増しの取水になる可能性もあると推計されています．地球全体で利用可能な水資源量に比べるとその程度の取水増に対して技術的には対応可能だと考えられます．しかし，20世紀には「使える水は，人間が使えるだけ使えばよいではないか」という考え方があり，多分昔は河口から海に水が流れるのは使われなかった水で「もったいない」とすら考えていたのではないかと思います．水が河口のところでもほとんど流れない，河口閉塞するぐらいまで使っていたら，それは，「最大限，人類は，水を有効に利用している」と，みなされていた時代があるのです．

(3)　快適な水──人と生態系のために

　ところが，21世紀になると，生態系サービスという概念も生みだされて，生態系には資源を生産するとか浄化するとかの機能や，観光や文化的な価値があったりするので，「生態系が健全であることが人類にプラスだ」という風に考えるようになったのです．そうすると，「人間が使いたいだけ水を使ってよいわけではなくて，生態系へのダメージも回避しなくてはいけない」というように，考え方が変わりつつあります．

　水の問題は，世界的には今でも問題が山積みです．それが，今後，特に

アジアのメガシティー，あるいは，アフリカにも今後出現してくるような
メガシティー，そのようなところでは，日本でちょうど40年，50年前に
起こったような都市化が進行し，都市に人が集中します．すると，水イン
フラも足りなければ，居住地も足りなくなります．水資源自体は，気候変
動でもそれほど変わりませんが，人口は簡単に倍になってしまうでしょう．
すると，1人当たりの水資源量は減って，どうしても水を安定して供給で
きなくなります．あるいは，都市化が進みますと，同じだけの雨が降って
も，すぐに河の水位が上がって溢れるという都市型洪水が生じるようにな
ります．

(4) 気候変動・都市化の進展

　今でも問題があるところ，気候変動や都市化の進展によって将来的にま
すます悪化する地域や都市があるというのは明々白々なのです．

　水をめぐる紛争があった際に，2国間が対立激化して，非難の応酬にな
ったのか，それとも，何らかの妥協点を見出して条約あるいは協定を結ぶ
など，融和の方向に向かったのかという点に関して世界的な統計を取った
オレゴン大学の研究者がいます．その結果によると，もちろん両方あるの
ですけれども，「全体としては融和に向かったほうが多い」という結果が
得られています．しかも，「宣戦布告をして水のために戦争をしたという
例は，1例もなかった」というのが1970年以降の状況です．過去の延長
で将来を考えると，水をめぐる戦争などは起きないということになります．

　もちろん，戦争を起こす理由は水だけに限らないですし，逆に，他の理
由で戦争をしかけても，「いや，水が欲しかった」というような言い訳を
する可能性はゼロではないので，今後，決してないとは言えません．

2　ヒトの暮らしには水は必要か？　それは水だけで十分なのか

(1) 水くみは女性や子どもの仕事

　アフリカのマリへ調査に行ったことがあります．サハラ砂漠のすぐ南で，
季節的には雨が降るけれども，乾期になると非常に乾燥する地域です．そ
こで水を運んでいる子どもたちに会いましたが，なぜか，お父さんは水く
み労働をしないのが世界的には普通で，水くみ労働は子どもや女性の仕事

写真1 水を運ぶ少年，マリ国ゴロンボ村にて2010年5月13日撮影

です．そのため，水関係の国際会議に行くと，必ずジェンダーや子どもの人権の問題が話し合われます．

写真1でもお分かりの通り，子どもたちは楽しそうに水くみをしていました．けれども，学校はどうなっているのでしょうか．水の問題は，単に健康に影響があるというだけではなくて，時間を取られてしまうのが問題なのです．われわれは，能力や生まれた家などは不平等でも，「皆，1日24時間ある」という点に関しては平等かと思っているのではないかと思いますけれども，水くみをしないと家族の生活が成り立ちませんので，何往復もしないと家族分の水を運べない彼らにとって1日は「22時間しかない」，「21時間しかない」のです．

チューブ井戸が，写真2です．ポンプ自体は20〜30万なのですが，1m井戸を掘るために，日本だと10万円ぐらい，この辺でも数万円かかるそうです．しかも，場所によって水が出たり出なかったりするし，深さも40mから50mは掘らねばなりません．私が行ったときに，「おまえ，

写真2 2009年に設置されたチューブ井戸と手押しポンプ．マリ国ティアラ村にて，2010年5月13日撮影

大学の先生だったら，どこで井戸掘れば出るか，リモートセンシングで判別できないのか」などと言われて，「そんなのが分かっていたら，大学の先生などせずにビジネスしているよ」と応えました．私の専門は水文学，ハイドロロジーですけれども，100年前，200年前のハイドロロジーの本来の仕事は，ダウジングといって，2本の針金を持って歩いてどこに水脈があるかをあてる，というかなり怪しい商売だったようです．水脈があるところで針金が開くというのです．それが水文学の原点だそうですが，やはり，水脈を探す，といった技術が今でも求められているのです．

(2) 乳児の死亡率と水

図1は1,000人当たりの乳児の死亡数です．乳児とは，1歳未満の赤ん坊です．ですから1歳になる前に亡くなってしまう人口が，例えば100ということは，10人に1人，生まれて1歳になるまでに死んでしまうということです．縦軸が生活用水の使用量の原単位です．原単位が，日本は380 L／人・日ぐらいで，少し高めではないかと思われるかもしれません．

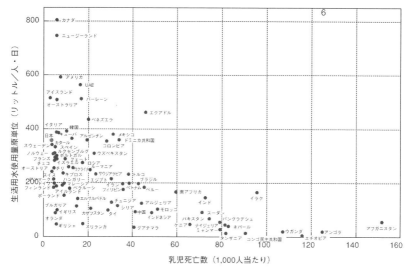

図1

(注) 各国の乳児死亡率と生活用水使用量原単位。総務省「世界の統計2003」及び国連食糧農業機関資料をもとに国土交通省水資源部作成。国土交通省「日本の水資源」（平成16年度版）より。

これは浄水場からの送水量で，無収水や公園，公共施設などでの使用量も全部入った数字だからです．

この図1から分かるのは，乳児の死亡数が多い国では，生活用水が使えていない，ということです．逆に，生活用水の使用量が多い国で乳児の死亡割合が高い国は，ありません．相関関係は言えますけれども，因果関係は言えないので，厳密には「生活用水が使えるようになったら，乳児の死亡数が減った」とは言えませんが，皆さんご想像の通り，豊かになったら，生活用水も使えるし，医療レベルも上がるし，結果として乳児の死亡数も減ると考えてよいと思います．

同様に，図2の明治以降の水系消化器伝染病患者数（棒グラフ）は，ずっと高かったところ，戦後ぐっと減りました．それに併せて，横浜に始まった上水道の普及率が上がっているので「やはり，上水道が，感染症の伝染病患者の減少に効いていますね」というふうに読み取れます．

では，乳児の死亡数はどうかというと，今度は単位が違って100万人当たりですが，今は0.2％です．日本は，1,000人生まれた赤ちゃんの中で2人だけ，1歳になるまでに亡くなるのです．ところが，世界では，10

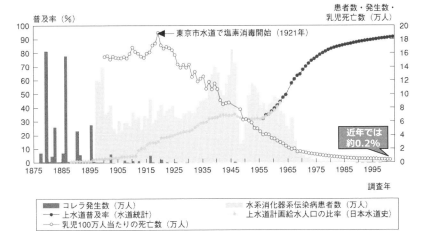

図2 日本における上水道の普及と水系感染症や乳児死亡率の明治以来の推移．国土交通省「日本の水資源」(平成16年度版) より

人生まれて1歳になるまでに1人は亡くなってしまうような国が，まだあります．この統計を最初に見たとき私がショックを受けたのは，日本でも，1920年ぐらいには，100万人中20万人が乳児のうちに亡くなっているのです．5人に1人です．考えてみると，確かに，私の曾祖父，祖父ぐらいの世代は，きょうだいが6，7人，下手すると10人ぐらいいて，とにかく，たくさん生んで強い者だけ生き残っている感じです．日本も経済発展のおかげで乳幼児死亡率が下がったのです．

(3) なぜ水分野の国際支援は必要か

水がない，水へのアクセスがないのは，乾燥しているからというだけではなくて，基本的に貧しい社会でインフラが十分に整備されておらず，水が安定的に得られなくて，死亡率が高くて，生産性が低くて，余剰がなくて，という悪循環に陥っているからです．この悪循環を断つために，例えば，インフラ投資をして水確保をすると時間ができますから，生活環境が改善する，あるいは，子どもならば勉強できます．教育水準が上がると，

生産性が上がり，経済成長して，豊かな社会になり，余剰生産が生まれて，インフラ投資ができて，水も確保できるし，先ほどの話でいうと，エネルギーや食料供給やいろいろなインフラが整えられて，という好循環を持続できます．

今の日本に生まれて幸せなのは，このような好循環が100年近く前から延々と維持されてきたために，今の成長が支えられている点です．逆にまだ悪循環が残っている国があって，そこが幸せにならない限りは，グローバル化した世界で「自分たちだけ幸せになるのは無理だ」と皆が悟り始めているのではないでしょうか．

3　なぜ水不足が生じるのか？

先ほど紹介いたしましたマリは，赤道域に端を発して，サハラ砂漠の方に行って，また赤道に戻るニジェール川の中流域にありまして，このあたりは非常に乾燥しています．北部は，まさにサハラ砂漠の真ん中のようなところです．

今日，実は，うちの研究室で実際にやっている研究の話はほとんど持ってきていないのですけれども，本業では，世界規模の水循環シミュレーションをやっています．太陽からのエネルギーや降水量の観測値などに基づいて世界中の河川の流量を算定し，実際に観測された流量とどの程度定量的に合っているのか，あるいは，地下水への浸透量が，実際の地下水の変化と比べてどうか，そうした研究をしているのです．

そうしたシミュレーション結果を用いると，例えば春先のユーラシア大陸で雪融けによる河川流量の増加がだんだん北に上がっている様子が観察できます．また，冬の間は乾燥しているインド亜大陸で，6月の終わりになってようやくバングラデシュ付近で水が豊かになり，7月になるとそれがデカン高原の上に広がる様子が分かります．7，8，9と，3か月間ぐらいあればコメが作れて，そのあと，また10月になると乾燥していくという様子が推計できるのです．

大ざっぱに見ると，熱帯域と極地方には，まあまあ水があるのですけれども，間の地域は半乾燥地域で非常に水がない様子が算定されます．インドあるいは韓国では，雨季の間には水があるのですが，モンスーン地域な

ので，それは6月の末から9月ぐらいだけです．この4，5か月に，年間の雨の8割，9割が降るのです．「他の季節は，どうするのか？」というと，仕方がないので，貯めておくしかないのです．実際，乾期と雨期の差が非常に大きい韓国では，1人当たりのダムの貯水容量が日本に比べて非常に多いのです．

一方，日本では夏にも雨が降るし，冬にも季節風で雪が降って，基本的には，雨や雪が，年中満遍なく降ります．これが，日本が水に恵まれている理由です．「日本は雨が多いから水に恵まれているのだ」と思っていらっしゃる方も多いと思いますが，総量だけではなく年中降るという季節分布が，水に恵まれている非常に大きな理由です．

4 水と市場

(1) 水を値段に換算すると

また，熱帯に水が多くて亜熱帯に水が少ないのならば，水が多いところから少ないところへ運べばよいではないか，というアイディアが当然出るでしょう．しかし，もう一つ非常に大事な点で，過去，あまり認識されていなかった水の特徴は価格の安さです．重さ当たり，あるいは体積当たりで考えると，水は非常に安いのです．どのぐらい安いかといいますと，こちらの図をご覧ください．縦軸が1t，1,000kg当たりの値段です．上水道，下水道は，一声200円，日本全体の水道料金の平均が170円くらいです．工業用水は，1t当たり23円くらいです．農業用水は，土地改良区がまとめて水利負担金を取っていて，面積当たりなので，「どのぐらい使ったから」というように従量制で払うわけではありませんが，灌がいしている量を負担しているお金で割ると，1t当たり3〜4円ぐらいの計算になります．日本の場合です．

水だって「安ければ安いほどいいではないか」と思われるかもしれませんが，これほど安い価格がつけられて売られているものは他にないのです．例えば，古新聞，古雑誌は，1kg10円ぐらいです．鉄くずスクラップは，一時8万ぐらいまで上がりました．多分，今，2，3万ぐらい取引されているのではないかと思います．リサイクルされるとはいえ，鉄くずや古新聞，古雑誌が，安全で，おいしい水道水の100倍の価格なのです．

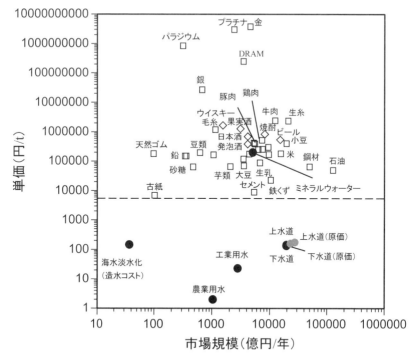

図3 重さ1トンあたりの価格(円)と日本におけるおおよその市場規模(億円/年).新聞やWebなどから作成.(『水危機ほんとうの話』より)

 もちろん高い水もあって,ミネラルウォーターは,500 mLで100円としても,1 L200円です.そうしますと,1 t当たり20万円になります.1 t当たり20万円というと米や発泡酒や日本酒やウイスキーなどです.図3は僕が作ったのですけれども,データをアップデートするときに,今,福島県立医科大にいらっしゃる村上道夫先生にお願いしたら,彼はお酒が大好きなもので,酒類だけ非常に細かく分析しまして,このようになっています.スーパーで売っている飲食物は,1 t当たり,大体10万円から100万円ぐらいです.牛肉は少し高くて,1 t当たりにすると200〜300万円だと思いますけれども,その程度です.
 「先生,すみません,水ビジネス儲かるって聞いたんですけど,どうすればいいですか?」と何か勘違いをして私のところに来る方がたまにいて,対応に困るので「いや,単価で言うと,香水なんかどうですか?」とお答えします.やはり,単価で言うと,香水は高いのです.1 t当たりにする

と1,000万を超えます．1tの香水，多分，原価は大したことないのだと思いますけれども，開発や宣伝などイメージ戦略でいろいろな付加価値をとにかく持たせるのにコストがかかるのでしょう．

小河内ダムによる奥多摩湖には，約1億18,540万 m^3 の水がたまります．売値200円だとして，奥多摩湖全体の水が価値として約371億円に相当します．ところが，もし $1 m^3$ の金があったとします．金は比重が約20ですから，$1 m^3$ の金は約20tです．20tの金は，今，価値が1,000億円ぐらいです．つまり，金ならば，$1 m^3$ あれば1,000億円貯められるのです．ところが，水は，小河内ダムを造って，あれだけ自然に負荷をかけて，お金もかけて，人も移転させて造って，ようやく300億円，400億円の水しか貯められません．安くてかさばるために，水を貯めるのには相対的に莫大な費用がかかるのです．

(2) 水と運賃

また，東京から大阪まで運ぼうとすると，1t当たり大体1万円します．ミネラルウォーターのように1t20万円であれば，1万円かけて運んでも，コスト5%上乗せでよいわけですけれども，水道水として売ろうと思うと，何せ1t200円のものですから，それを1万円で運んだら，もう水道水としては扱えません．ボトルに入れて，「ミネラルウォーター，元は水道水ですけど」と言って売るしかありません．

このように，水は，運ぶにも貯留するにも非常にコストがかかるのです．ですので，できるだけローカルの水を使うしかないという点が，特に水道や，人間が使う水のことを考える場合に，非常に重要な点だと思います．

では，「安いから，あまり商売味がないか？」といいますと，そうでもなくて，大体数兆円オーダーと，ミネラルウォーターに比べると約10倍市場規模が大きいのです．値段はミネラルウォーターの方が1,000倍高いのですけれども，水道水の方が1万倍使われるので，結果としては，市場規模は水道の方が10倍大きくなります．つまり，水は，単価は安いけれども，非常に大量に使われるのです．他に類を見ないコモディティを，水業界は扱っているのだということが，ご理解いただけると思います．

先ほどから「インフラが大事だ」と申し上げていますが，「水のように

安価なモノを，いかに安く安定して供給するか」となると，パイプライン
しかないのです．水道管をきちんと敷設するということです．実際，石油
や，天然ガスなど，パイプラインで運べるものは，単価が安くても，何と
か供給できるのです．

　逆に，もし水道が不十分であれば日本の水道単価 200 円よりも高い，
手のひらサイズのパウチパックの，どこの源水か分からないけれども一応
きれいそうな水を買って飲まざるを得ず，そういう方々が，世界の大都市
で水道の接続がないところにはたくさんいらっしゃるわけです．インフラ
投資が不十分なので，そのような単価の高い水を細々と，使いたいだけ使
えない状況でやっていかざるを得ないのです．

5　バーチャルウォーター

　さて，農業生産にはたくさんの水が必要で，日本では，トウモロコシや
ダイズ，オオムギ，コメなどに大体 2,000 L，肉類は，鶏肉でも 4,000 倍
ぐらい，豚肉が 6,000 倍ぐらい，牛肉だと 2 万倍ぐらいの水を使ってでき
た餌を食べて育っている計算になります．

　「水が足りない国が水を輸入」しようとすると，先ほどの話で大変なコ
ストがかかってしまいます．そこで，水を輸入して食料を作るのではなく
て，水があるところで食料を作って輸入すれば，運ぶ重さが 2,000 分の 1，
肉ならば数千分の 1，あるいは 2 万分の 1 になるのです．

　水はないけれども，お金はある国，例えば中東の国々は，水を輸入して
食料を作るのではなくて，水があり余っている，あるいは，水が足りなく
ても食料を売りたい国から大量に食料を買うことによって，国内の水需要
を国外に押し付けることができます．

　それは主に中東と北アフリカの産油国です．これらの国々では，水はな
いのだけれどもお金はあるので，基本的には食料を輸入することによって，
本来ならば必要であったと想定される水資源需要を賄っているのです．

　ちなみに，オーストラリアや，フランスを中心とした EU からの食料輸
出も多いのですが，何といってもアメリカとカナダから大量の食料が輸出
されていて，それを水に換算すると，図 4 のようなものが描けるという
ことになります．

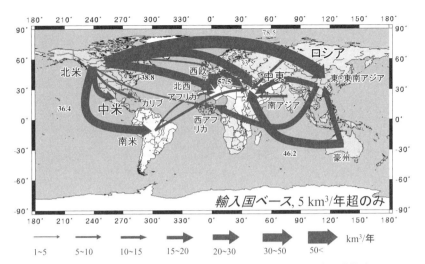

図4 2000年における各地域間の仮想水貿易．国連農業食糧機関のデータ等に基づいて推計（Oki and Kanae, 2004 より）

　生きものとして必要最小限の水は1日2〜3Lの水で十分です．「震災に備えて，皆，1人3L，水を備蓄しておきましょう」という指針になっています．これは生きるために不可欠な水です．しかし，その100倍の水道水を，日本では使っています．なくても直ちに死ぬわけではないのだけれども人間らしく生きるために，健康で文化的な暮らしに不可欠な水です．さらに，われわれが間接的に使っている水資源としては，圧倒的に食料を作るために必要な水が多くて，1日大体2,000〜3,000Lの水を使ってできた食料を，われわれは食べています．概略値を知りたい際には，「1キロカロリーの食料を作るのに1Lぐらいの水が必要だ」と思っていただいて，倍半分ぐらいであたります．

　日本の場合は，食料生産に必要な水の半分以上を海外の水に依存しています．これは水が国内で足りないからというよりは「国内の飼料用作物を育てたり放牧したりする土地が十分にないので，海外に依存している」と思えばよろしいかと思います．

　水道法第一条に「清浄，豊富，低廉」と書いてあって，「安全できれいな」だけではなく，「豊富である」ことが水道では大事なのです．どれだけ豊富かといいますと，1日200〜300Lということは，200〜300kgに相当します．もし，家族4人いらっしゃると，1t近くのモノが，毎日ご家

庭に入って，また排出されています．このようなモノは，他にありません．食材などは，大体1人1日1kgぐらいなので，オーダーが二つ，三つ違います．それだけ大量の水を使うからこそ，安くなければいけないのです．

水ビジネスを想定して「こんな技術あります」と持ってこられる方がいるのですけれども，高くていいならば，いろいろなことができるのです．けれども，「きれいなのはもちろん，安くて，たくさん供給できなければいけない」というのが水供給の核心です．

われわれが利用している水を全部足し合わせると，年間1人当たり約1,000 m³になります．1,000 m³の水を得るのに，どのぐらいの土地面積が必要でしょうか？　日本では，平均すると約1.7 m分の雨が降ります．0.7 m分ぐらい蒸発するので，蒸発を差し引くと，日本では，水資源が大体1 m²当たり年間1 m³取れるわけです．そうすると，1,000 m³得るためには，当然，1,000 m²必要です．この部屋の広さは，どれぐらいでしょうか？　約120 m²だとすると，この部屋から1人分の水道用水は得られますけれども，それで終わりです．食料を得ようと思ったら，この部屋の8倍の面積が必要となります．1人1,000 m²必要だとすると，1 km²に1,000人しか住めないという計算になります．

東京の人口密度をご存じでしょうか？　文京区では1 km²に2万人弱住んでいます．普通の密集市街地の都市の定義は，大体1 km²当たり4,000人や5,000人ですから，都市では普通1人1,000 m²に満たないのです．

環境対策で「地産池消」や「0エミッション」などと言われますけれども，少なくとも，集まって住んでしまうと，水に関しては決して自給自足できません．その水の使用量の大半は食料生産用ですから，都市は，やはり水と食料は都市以外に依存しているのです．例えば東京という都市がこれだけ維持できているのは，周辺に関東平野があって，そこが食料と水を供給してくれているからですし，人材も全国から供給してもらっているからでしょう．都市の発展というのは，実は，周辺からのそうした供給があってこそ成り立っているのです．きちんと水と食料が郊外や地方から供給されない限り，都市の発展はあり得ないということは，水から考えてもお分かりいただけると思います．

6 水ビジネス

　国を挙げて水ビジネスが推進されようとしている背景には，「日本の建設業界は，何ら外貨を稼いでいないではないか」というプレッシャーに加えて，「これまで外貨を稼いでくれた自動車をはじめとする機械，それから化学などという分野が，どんどん低迷し始めた．もう少し外貨を稼ぐためにも，今まで内需だけやってきた建設業界が海外でも収益を上げるべきだ」という事情があるのだと思います．

　2025年の世界市場は，海水淡水化用の高機能半浸透膜だけだと世界的に1兆円規模です．ところが，施設整備，エンジニアリングを入れると10兆円ぐらいだと想定されています．さらに，O&M（オペレーション・アンド・マネジメント）をすると一声100兆円，後で87兆円と修正されましたがその程度の市場規模に拡大すると見込まれています．

　ですから，日本で「水のインフラ輸出」というと，「水道や下水道も含めて運営・維持管理をやりましょう．そこの市場が厚いので，その中の何%か取るだけでも全然違うよね」という狙いがあったわけです．

　ただ，そういう水事業に必要なのは，技術やモノというよりは，技術やモノをうまく運用して，儲けるための技術，いわゆるメタ技術です．水ビジネス輸出ブーム初期の段階で私が最初に申し上げたと思っているのですけれども，「日本には優れた上水，水，水道技術があるので，海外でも通用するはずだ」という意見に対し，「日本で本当に水道の事業をやっているところは自治体なので，自治体にそのようなノウハウはあるはずだ」と言ったら，それから先ずっと，「では，自治体を交えてやりましょう」ということで，皆様方の会社の中でも，いろいろな自治体と手を組んで海外に行かれているところもあると思いますけれども，そのような状況になりました．

　ただ，私は，それでもまだ「大丈夫かな？」とやや不安に思っています．地方自治体は，基本的に水道事業でいろいろなノウハウ，技術もマネジメント力も持っているのですが，儲ける事業をしていないのです．「そのような自治体が，では，いきなり海外に行って，水ビジネスとして，きちんと出資者にお金を返すような事業をできるのか？」という点はどうでしょ

うか.

　また，需要が読みやすいという意味では水事業はローリスクなのですけれども，それだけに，あまり儲けがありません．では，なぜ水ビジネスが世界的に盛り上がっているように見えるのかといいますと，多分，世界的に低金利なので，「ポートフォリオの一部としては，いいでしょう」という話だと思います．ただ，ローリターンなので，大規模な投資がないと人件費も出ないという話になります.

　また，日本のインフラ業界の問題は，「ここに上水道を作って，そこを必ず成功させて，利益を上げる」というふうに単品生産で全部成功させようとする点にもあります．普通は，投資事業だと考えた場合，多分，「10個やって，そのうちの一つ，二つは，あまりうまくいかなくても，残りも含めて全体として収益が上がればよい」と考えるでしょうし，フランスのいわゆる水バロンや水メジャーと言われる会社では，そのぐらいの規模で事業展開をしているわけです．そうした企業と，「この水事業で海外展開して成功しなかったらうちの社は危ない」というような企業とは，ビジネスの枠組が全く違うという点を，もう少し考えた方がよいのではないかと思います.

　さらに，投資して3年や5年で回収するという話ではなく比較的長期にわたる資金回収が必要なので，ファイナンスが鍵になります．プロジェクトファイナンスができるところ，必ずしも自社の中になくてもいいわけですが，そのようなところと組んでやるということが必要です．シンガポールの水会社などは，ファンドでお金を集めて，投資をしたら，それをまた証券化して売り払って次の案件をやるなど，そうした流れができています．「工場を造って，そこでいい物を作って売ったら，それで何年かして回収できて，あとは，儲けだ」というような仕事とは少し違うのです.

7　水ビジネスはマネジメントが必要である

　日本のものづくりの弱点として，「技術」というとつい個々のパーツでしか考えない点があると思います．水道事業などでは，いわゆる運営や段取り，人材育成管理など，属人的な経験の中に技術があって，そのようなノウハウを，われわれが，あまり技術だと思っていないのが問題です．政

府レベルでもより微細なものや，よりエネルギー効率がよい部品など，数字で評価しやすい要素プロセスだけを技術だと思っているのではないでしょうか．けれども，既存の技術をうまく使って安いコストでいいサービスを供給するという生業自体が，本当は技術なのです．けれども，われわれは「それは技術だ」と，あまり思っていません．多分，そうしたノウハウに長けている企業の方も，「それが技術だ」という意識がなくて，「いや，うちには，あまり技術ないから」と思っているのだけれども，実はそれが非常に大事だと認識されていない点がまずいのではないかと思います．

そのような意味では，「技術が優位だからビジネスが優位になる」と，今でも思っていらっしゃる方がいるかどうか分からないですが，やはり，今の電気製品を見ても，車を見ても，「よい物だから売れる」とは，もう考えられないのではないかと思うのです．

ですので，「いや，うちの水道は漏水率が何 % ですから，この技術は売れます」という世の中ではなくて，「漏水率が何 % だろうと，あるいは不純物質の除去率が何 % だろうと，きちんと収益が上がる事業が，どうすればできるかということが大事だ」ということです．

例えば，海外では水道料金を徴収しようとしても払わない人がいます．日本だと，このようなことはあまりないわけですが，途上国に行くと大勢います．あるいは，払いたくないものだから勝手に管をつなぎます．つなぎ方が不適切なので，そこから水が漏れたりします．そのような事態をどうやって未然に防ぐか，抑え込むかというところに，海外での水道事業のポイントがあります．そうした事業を，日本企業がいきなり行って，できるわけがないのです．結局，地元の優良企業と組んで，やっていくしかありません．

では，「どの企業が信用できて，どこと組めばいいのか？」．信用できる相手を探すのが，やはり，本当は技術なのです．そうした情報を利益の源にしている会社は，日本にもあるわけです．例えば，商社です．

一方で，海外水ビジネスは水事業の民営化と密接ですから，評判が悪い点にも留意する必要があります．国際的には，水の民営化に伴って値段が上がったからということで，暴動が起こって機動隊による鎮圧の際に人が亡くなったという事件も起こっているわけです．

統計をきちんと取ったわけではないですが，いろいろ調べてみると，発注側が「国際的に有名な会社に任せれば，きっとうまくやってくれるに違いない」と丸投げしたような場合に，うまくいっていないようです．やはり，発注側の能力も大事で，発注側の自治体で適切なガバナンスが機能していなかった場合に，時々，うまくいかない事例があるというように見聞きしています．

8 ウォーターフットプリント

一方，水に関して，「水リスクマネジメント」，「ウォーターフットプリント」などの概念が大事だ，といった新たな動向があります．

ウォルマートがサステナブル商品インデックスという指標を作っています．WBCSD（ワールド・ビジネス・カウンシル・オブ・サステナブル・デベロップメント）という組織を立ち上げて，自分のところに納入する製品についてライフサイクルアセスメント的な情報を付加させるようにしているのです．当初は「どのぐらい二酸化炭素を排出して生産された製品なのか？」といった点だったのが，最近，水についても問うようになっています．

そしてその算定の仕方を，WBCSD が決めているのです．これには，アメリカの EPA も入っていますが，基本的には民間ベースでルールを決めて，自主的に環境報告するような試みになっています．これがもし政府主導だとしたら，ロビー活動をして文句を言ったりやめさせたりといった対応も可能ですが，大手小売りですから，「環境報告しないのであればうちでは扱わないよ」と言われたら終わりですので，「はい，分りました」と従うしかありません．ヨーロッパも同じようなことを始めていて，水に関して環境報告しないと，販売できないような国がいずれ出てくる可能性すらあります．

9 カーボン・ディスクロージャー・プロジェクト

もう一つ CDP という団体があります．これは国際 NPO で，元々はカーボン・ディスクロージャー・プロジェクトという団体名で，カーボンという名前の通り，各国の大企業に質問票を送りつけて，「あなたのところ

は，自社がどのぐらい二酸化炭素を排出して，温暖化，地球環境に影響を及ぼしているか分かっていますか？」と尋ねるわけです．そして回答を評価してランキングをつけ，ウェブで公表するのです．日本でも，多分，トップ500社に質問票が行っているかと思います．

　当初は二酸化炭素関連の質問だけだったのですけれども，2010年以降は水関連が加わり，その他の項目も入って二酸化炭素だけを扱うわけではなくなったので団体名もCDPになりました．「あなたの会社は，水をどのぐらい全体で使っていますか？」，「その水の持続的な利用に，どのようなリスクがありますか？」，「会社の中でどのレベルの人が水リスク管理に責任を持っていますか？」，「何年置きに更新していますか？」というふうな水関連の質問に答えていくと，いつの間にか水リスクマネジメントができるという，非常に教育的な質問票になっています．

　こうしたWBCSDやCDPをめぐる状況を受けて，「ウォーターフットプリント」が，ISO，国際標準化機構で2014年夏に国際標準になりました．

　面白いのは二酸化炭素など温室効果ガスの排出が及ぼす地球温暖化の悪影響を減らすといった取り組みをしていると，多くの方は「空気の次は，水だ」と思うようなのです．温暖化に伴う気候変動の問題と水問題とを比べてみると，どちらも深刻化すると災害や健康寿命や生態系に悪影響が生じる点，経済活動が滞るといった点では同様です．しかし，大気は世界中で共有されているため，いつ，どこで二酸化炭素などの温室効果ガスを排出しても影響は同じです．これに対して，水は，最初に説明した通り，ローカルな資源なのでいつどこで使いすぎるかによって同じ量を使用しても悪影響は異なります．しかも，運んだり貯めたりできないので，あるときにあるだけ使わなければいけません．そのような意味では，電気と似ています．

　また，温暖化による気候変動に関しては，将来の影響が深刻なのに対して，水に関しては，世界には現在でも影響が深刻なところがある点もだいぶ違います．水と気候変動，それぞれに対する抜本的な対策も大きく異なるのですが，対症療法的な対策，気候変動への適応策に関しては，防災や貧困削減が重要となるという点では水問題対策と同じになってきます．

ウォーターフットプリントに関して，ISOによって推計手法の国際標準はすでにできて，現在は推計手法のいろいろな具体例をテクニカルレポートとしてまとめようという段階です．バーチャルウォーターは，「水資源にとって食料や工業製品の輸入が，どのぐらい削減になるか」という視点だったのですが，ウォーターフットプリントは，英語の直訳では，「水利用に関係する潜在的な環境影響を特定する」指標です．

　例えば，「このクッキーを作るために30Lの水が使われました」というと，その30Lがウォーターフットプリントではなくて，本当は，この30Lによって，どのような環境影響ができたかを定量化した結果が，ウォーターフットプリントなのです．これに対して，使った量の30Lは，LCAでいうインベントリに相当します．

　同じような製品があって，水の豊かな北海道で春先の雪解けの水を使って，排水もきちんと浄化してから放流しているところでは，製品A，1単位当たり200Lの水を使って製造されたのに対して，製品Bは，沖縄で，梅雨が始まる前のダムの水で，水質もかなり汚すのだけれども，150Lの水で製造されているとします．工場をお持ちの方は実感があると思いますけれども，水が足りないところの方が節水努力や，循環利用の技術をどんどん取り入れる傾向にあるので，見かけ上は少ないのが普通です．でも，どちらの方が，環境影響は大きいかと言うと，多分，製品Bなのです．そのため，ウォーターフットプリントでは，単に物理的に使った量だけではなくて，きちんと，「どのようなところの，どのような水を使ったか」ということを考慮してウォーターフットプリントとして評価しなければならないのです．その手法が，いろいろな研究者から現在提案されている最中で，まだ決定版と呼べるような手法は，出されていないように思います．

　ISOのウォーターフットプリントでは質的な変化も考慮する必要があります．同じように200L使っても，きれいにして戻すのと，汚いまま戻すのとでは，環境影響が違うでしょう．「それを的確にquantifyしなさい，定量化しなさい」というようなことが決まっています．

　さらに，ヨーロッパでは，ある国から排出された大気汚染が，他国の環境に影響を及ぼすといういわゆる酸性雨が大変深刻な問題なのです．越境汚染あるいは温暖化の問題も，ヨーロッパでは，やはり酸性雨にかなり根

があるのです．そうすると，「どこかの事業体が酸性物質を排出することによって，どこかで酸性雨が降って環境影響が出る場合も，ウォーターフットプリントに入れろ」というようになってしまっています．産業界の意向もあって日本からはだいぶ反対したのですけれども，「いや，これは大事だから」と言って押し切られて，ISO に盛り込まれています．

ウォーターフットプリント研究は，水利用に関する戦略的なリスクマネジメントに使えるし，水使用効率の促進と水マネジメントの最適化にも使えます．さらには「水利用に関係する影響を政策決定者に通知できる」というように言われており，環境管理を超えて今後企業の経営戦略のツールとして普及すると期待されています．

10 地球温暖化と水

最後に，温暖化の話をします．2014 年の 3 月に IPCC，気候変動に関する政府間パネルの総会が横浜で行われ，第 2 作業部会の第 5 次評価報告書が承認されました．総会では評価報告書のドラフトがスクリーンに表示され，それに対して各国代表から「その表現の根拠を示せ」あるいは「うちの国は，すでに温暖化で困っている．ぜひ書き込んで欲しい」といった意見が出されます．自分が総括した章に関して「こんな文献がありますから」あるいは「その根拠となる文献が十分ではないので」など，いろいろと反論をしたりして，それでも議論が収まらなければ最終的には全部削ることになります．定量的であればあるほど確からしさが少ない傾向にあるので，多くの定量的な表現は削除されましたが，例えば「2 度ぐらいまでの気温上昇によって，GDP の 0.2〜2% 程度の経済的な損失が見込まれる」といった表現が残っています．各国政府が政策決定者向け要約に記述が残っても構わないと合意した，あるいは合意せざるを得なかったのです．

「IPCC は，何か，温暖化の脅威をあおっているのではないか」という見方をされる方もいらっしゃるのですけれども，よく読んでいただくと，例えば，「地球温暖化，気候変動の影響や深刻度は，地域やセクター，人々によって様々だ．それがどのぐらいのリスクで，それをどのぐらいの優先度で解決しなければいけないかということは，価値観や目標次第で異なる」と書かれています．当たり前なのですけれども，「気候変動リスク

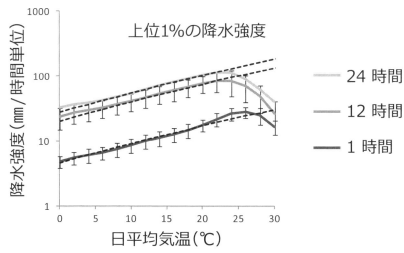

図5 日本における日平均気温と上位1%の日降水強度の関係．斜めの実線は気温が上昇すると7%上昇するラインを示す（Utsumi et al., 2011より）

への対応が何よりも大事だ」などとは書かれていないのです．そういう観点からも，第5次評価報告書は，さらにバランスの取れた報告書になっていると思います．

「将来のシミュレーションは信用できない」と思われる方もいると思うのですけれども，図5は気象庁のアメダスによる過去の観測値です．横軸が日平均気温で，縦軸が上位1%の雨の強度になります．そうすると，縦軸は対数軸なので，直線ということは指数関数的増大を示し，1度当たり約7%という割合で，気温が高い日には強い雨が過去に実際に降ったのです．今後，例えば温暖化で2度気温が上昇すると14%，3度上がると2割ぐらいは上位1%の強度が強くなるだろうと，過去の経験からの類推で推計されます．

別の例をお見せします．図6は，気候モデルによる将来推計シミュレーションに基づく結果です．100年に1度の日降水量が20世紀には77ミリだったのが，21世紀には84 mmになる，という算定結果です．77が84だと，1割ぐらいです．河川管理者の方に聞くと「100年に1度の雨量が1割も増えたら，治水計画を根本的から考え直さなければならず大変だ」とおっしゃるのですけれども，おそらく，一般の方の受け止め方とし

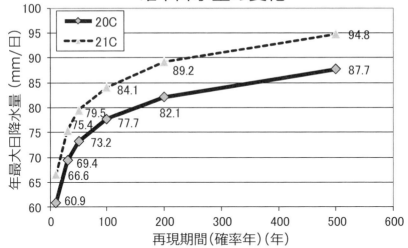

図6 大気大循環モデルによる推計値に基づく20世紀（実線）ならびに21世紀（破線）におけるX年確率（横軸）に対する日降水量（縦軸）．21世紀における100年に1度の日降水量84.1 mmは20世紀の77.7 mmの約1割増しにすぎないが，20世紀における300年の一度の豪雨に相当していることが分かる（Oki, 2016より）

ては，1割の増大は大したことではないように思われるのではないでしょうか．

しかし，この「84 mmの日雨量」は，20世紀の基準で言うと300年に一度の豪雨に相当します．300年に一度の雨というものは，100年に一度の3倍の強さではないのです．逆に言うと，20世紀の100年に一度の日雨量77 mmは，は，21世紀だと30年ぐらいに一度観測されるようになってしまうわけです．頻度で考えるか，強度で考えるかで受け止める印象はだいぶ違うのではないでしょうか．

さて，こうした気候変動への対策ですが，基本的には「気候変動，元から絶たなければだめ」ということで，「二酸化炭素など温室効果ガスの排出を減らす」緩和策が気候変動対策だったわけです．しかし，それだけでは，もう温暖化は止まらないということが，研究の進展によってだいぶ分かってきました．そのため，対症療法である，「温暖化しても被害ができるだけ増えないようにする」適応策も緩和策と同様に重要で，両者は気候変動対策における車の両輪である，と位置づけられるようになりました．

水分野の適応策としてどういう対策があるかといいますと，貯留容量を増やす，地下水を使う，海水を淡水化して使う，雨水貯留して使う，水輪送するなど，基本的には，従来の水資源開発と変わりません．同じなのですが，これまでは，水が足りないから，あるいは洪水被害を減らすために，このようなことをやっていたわけです．しかし，温暖化への適応策では，今までならば，頻度が低くて，経済的にも割にあわなかった対策が，災害頻度が上がるので「仕方なしに，対策を強化しなければいけなくなった」のだと考えていただければよいと思います．

そうした適応策の実施に必要な費用が途上国に関して見積もられているのですけれども，沿岸における海面上昇対策，水供給と治水，農林水産業，人間健康影響，それから極端現象対策とある中で，実は最も影響が大きそうなのがインフラ関連だとされています．

この場合のインフラとは，道路であったり，鉄道であったり，それからエネルギーのライフラインに対応します．そうしたインフラが，気候変動の激化によってどんどん壊されるようになるのに対して，何とか維持するための適応策をやる費用が，どうも，気候変動に伴って大きいのではないかと算定されているのです．グローバルには現在でも 400～500 億 USD，2050 年には 1,000 億 USD，年間約 12 兆円が適応策に必要になるのではないか，というような推計となっています．気候変動に伴って，インフラ投資を増やさざるを得ないようです．

今日お話ししたこと以外のことも含めて，世界で何が問題になっていて，どう考えるべきかという点については，この『水危機 ほんとうの話』（新潮選書，2012 年）に書きましたので，ご興味を持たれましたら，ぜひ，お読みいただければと思います．

Q&A　講義後の質疑応答

Q　地球全体で見たときの降水量に対して，何人ぐらい生きていけるのでしょうか？

A 地球全体で，陸から海に大体 4 万 km^3 ぐらい流れます．では，人口が今世紀の終わりには 100 億人になるとします．「1 人，年間 1,000 m^3 必要だ」からすると，1 万 km^3 あれば 100 億人賄えます．4 万 km^3 のうちの 4 分の 1 を使えば，反復利用せずとも食料も飲み水も工業用水も全部賄えるという計算です．

このように単純に計算すると，「では，400 億人で地球は終わりか？」ということになりますけれども，繰り返して使う技術もありますし，そもそも，耕作地や放牧地に降る雨も食料生産用の水として参入できます．そういう観点から，分配さえきちんとできれば 100 億人でも原理的には十分生きていけるでしょう．

Q 例えば，日本だと，今，1 日 200 L，300 L，その間ぐらいだと思うのですけれども，たしか，大洋州だと，300 L，400 L ぐらいを 1 日で使う，というように聞いたことはあります．それから，例えば，イスラム圏の国に行くと，お祈りを 1 日 5 回しますけれども，その前に，水道をざばざば流しながら手足を洗ったりして，結構使っているようです．

一方，ギリシャ，オランダ，イギリス，ブルガリア，ポーランド，そこそこ発展した国，イギリスなど先進国ですけれども，「水を少なく使って，かつ乳児死亡率が低い．」これには何か理由があるのでしょうか？

A イギリスは，いろいろな統計を見ても，1 日 1 人 100 L 程度なのです．それは，風呂に入らない，料理をほとんどしない，洗濯もあまりしないため，このぐらいで済むのだと思われます．トイレに行かないというわけにはいかないと思うので，トイレだけで，われわれ 1 人 1 日 40〜50 L 使っていますので，おそらくトイレ以外はあまり使っていないということなのでしょう．

スリランカやタイをはじめとする国々で「水浴びは川で」などという水利用は全部統計から外れているという点にも注意が必要です．また，統計を見ますと「年 1 人当たり 1 m^3」という国もあります．「1 日 3 L」です．これは，水道の接続率を考えていないためで，接続している人だけの平均にすれば，このような途上国でも本当はもう少し使っているのではないかと思います．

ですから，そのような意味では，統計のマジックと，本当に水を使わない文化の国というもの，両方だと思います．

Q フットプリントのことで質問なのですけれども，フットプリントは量的な数値を出していますけれども，質的なことを考慮して考えると，誰でも同じように出せるようなモデルができるのかですか？
A 「排水を環境基準に希釈するため必要な水の量を，使用した水，フットプリントと見なす」というやり方が，オランダでできているウォーターフットプリントネットワークの標準的なやり方になります．

LCAの方からは，水1Lを使うのと同様の環境影響をもたらす硫化物の排出量や窒素の排出量などをあらかじめ定めておいて換算するというやり方などが提案されています．

Q 地球温暖化に関して，「地球温暖化は，今後，ある程度しょうがない」と水分野の適応策をとらなければならなくなったのはいつごろですか？
A 今私が書いている本（岩波新書，2016年）でまさにそのあたりを解き明かしています．一つには，2007年に公開されたIPCCの第4次評価報告書で，もし，大気中の温室効果ガス濃度などを2000年の値に固定できたとしても，それらによる温暖化効果に対して海がまだ十分温まっていないので，温暖化はまだ数百年続くだろう，という科学的研究成果が示されたのが理由です．つまり，どれだけ二酸化炭素などの排出を削減できたとしても，温暖化を完全には止められなさそうだということが明らかになったのです．

また，オゾンホールに関してモントリオール議定書ができてフロンの使用をやめて問題が解決に向かいつつあるように，温暖化による気候変動に関しても温室効果ガスの排出削減ができるだろうと当初は考えられていたのだと思われます．しかし，「化石燃料使用に伴う二酸化炭素排出削減の問題は，かなり根源的な文明的課題だ」ということが理解され，一筋縄では解決できそうにないことが分かってきたのも理由だと思います．

Q 気温上昇によって降雨強度が増大するというデータがはっきり出ているとい

うことに，まず，非常に驚いたのです．このようなデータが出ている中で，先ほどのX年の降水確率です．これを見た後では，はたして東日本大震災のあとと同様，「想定外」という言葉も，もう使えない．私，たまたま個人的に0メートル地帯に住んでいるのですけれども，「スーパー堤防反対」という声も一気に，あのあとなくなって，はたして，リスク管理というものが，どのように国の中で生かされていくのか．例えば，先ほどのように，100年に1回だったものが30年に1回になると．このような水文学的な学問が，現状，どのように都市計画などに生かされているのか，そのようなことを，ちょっとお聞きしたいと思います．

A　短時間の降水強度は気温の上昇に伴って確実に増えると想定されますが，それよりも長い，例えば日降水量などが増えるかどうかは，また別の問題です．荒川や利根川の大洪水は台風が来るかどうかで決まります．台風は「総数は減り気味だが，非常に強い台風は増えるのではないか」と推計されていますが，まだ不確実性が大きいのです．

　ただ，短時間の，今マスコミが言っているような「ゲリラ豪雨」は，確実に増えると考えて良いと思います．しかも，1度で7%という観測結果には，物理的な背景があり，大気の飽和水蒸気圧が1度当たり約7%増えるのです．記録的な短時間豪雨の際には，「今，空気の中に，どのぐらい水蒸気が含まれ得るか」が降雨強度の最大値の決定に支配的だと考えられるのです．

　では，それが，どのぐらい国の施策に生かされているかですが，まさに今おっしゃったようなことを国も気にしていまして，2015年に水防法が改正されました．「考えられる最大限の降雨を考えて，そのときに，どこが浸水するかの地図を公表しなさい」ということが義務づけられました．しかも，洪水だけではなくて，いわゆるゲリラ豪雨で生じるような内水氾濫（法律では雨水氾濫という名前）や高潮被害が想定されるところについても，想定される最大限の豪雨や高潮に対して浸水被害想定図を作るべし，ということになりました．

　だからといってそうした想定される最大限の極端現象に対してスーパー堤防なり何らかの施設を造って安全にするという対策を速やかにとるわけにはいかないのだけれども，「どのような可能性が最大限あるのかという

ことに関しては公表しよう」ということが，法律で決められたところです．

参考文献

沖　大幹，2016：水の未来—グローバルリスクと日本，岩波新書，岩波書店，240 頁

沖　大幹，2012：水危機　ほんとうの話，新潮選書，新潮社，336 頁

国土交通省，2004：日本の水資源平成 16 年度版

http://www.mlit.go.jp/tochimizushigen/mizsei/hakusyo/h16/1.pdf

「水の知」（サントリー）総括寄付講座編，沖　大幹（監修），村上道夫・田中幸夫・中村晋一郎・前川美湖（著），2012：水の日本地図——水が映す人と自然，朝日新聞出版，112 頁

Oki, T. and S. Kanae, 2004: Virtual water trade and world water resources, Water Science and Technology, 49, No. 7, 203-209.

OKI, T., 2016: Integrated Water Resources Management and Adaptation to Climate Change, in A.K. Biswas and C. Tortajada (eds.), Water Security, Climate Change and Sustainable Development, Water Resources Development and Management, Springer, Science＋Business Media Singapore. ISBN 978-981-287-974-5

Maggie Black, Jannet King（著），沖　大幹（監訳），沖　明（訳），2010：水の世界地図第 2 版—刻々と変化する水と世界の問題，丸善，pp. 128.

Utsumi, N., S. Seto, S. Kanae, E. Maeda, and T. Oki, 2011: Does higher surface air temperature intensify extreme precipitation?, Geophys. Res. Lett., 38, L16708.

第4講

森林は緑のダム

恩田裕一

筑波大学生命環境系教授／アイソトープ環境動態研究センター長

恩田裕一（おんだ　ゆういち）
1985年明治大学文学部史学地理学科卒業．1990年筑波大学大学院博士課地球科学研究科地理学・水文学専攻修了．90年理学博士（筑波大学）．92年名古屋大学農学部助手．99年筑波大学地球科学系講師．2003年同大助教授．2007年筑波大学大学院生命環境科学研究科准教授．2009年同大学院教授．2012年筑波大学アイソトープ環境動態研究センター副センター長．
2013年筑波大学教授，福島大学環境放射能研究所副所長．2015年筑波大学教授，アイソトープ環境動態研究センター　センター長．

1 森林は緑のダム？

　森林，植林活動等を企業としてCSRでされている会社もたくさんあります．しかし，どのような活動が本当に水のためになるのかということは，実は意外と難しい問題をはらんでおります．

　森林の働き——といっては逆に森林に失礼ということもありますが，「森林があるとどう水循環が違うのか」ということを理解すると，われわれの生活に有用な水の使い方というものが出てくる，というお話です．

(1) 裸地

　「森林があって，緑がきれいで，きれいな水が出てくる」というイメージがあるかと思うのですが，それを理解するためには，まず森林がない場所を考えてみるとわかりやすいです．これが裸地です．「裸」の「土地」で「裸地」と書きます．これは，植生がない地面がむき出しになっている状況です．そのような場所で水がどう動くかというと，雨が降って，地面をたたくわけです．たたいて，そして，その雨粒の力によって土がはね上げられるという状況です．

　ここで何が土で起こっているかというと，まず，雨粒が当たることによってこの土自体が圧縮されます．圧縮されると同時に，この底面の土がはね上げられます．スプラッシュ（splash）して，流されて飛ぶわけです．このあと，斜面が長い場合はそれによって溝が掘れますが，上流の狭いところでは溝が掘れる幅がありません．せん断力が足りません．そうすると，この土砂が水で流されるものもありますが，流されなくてたまったりもするわけです．そして，水とともに少しずつ下流に動くというわけです．

　このような水の出方を「表面流」や「地表流」というわけですが，その際，土砂が運ばれる侵食のことを「インターリル侵食」と呼びます．この土がはね上げられることを「飛沫，スプラッシュ」，そして，雨のときだけ発生する流れのことを「シートフロー（sheetflow）」と呼びます．

　このように，裸の土地，裸地におきましては，雨が降ったときに当然のように水がしみ込まないのです．そして，ずっと流れていってしまいます．

　このようなことが起こる場所は，森林がない場所なのです．例えばアメ

図1 Death Valley

リカのカリフォルニアとネバダの辺りにあるデスバレー（Death Valley）というようなところが一番イメージしやすいかと思います（図1）．このデスバレーは，ラスベガスから車で3時間程で行けます．ここは非常に暑い砂漠で，特に乾燥しているという点において特異的な場所です．年間の降水量が0 mmの年もあります．そのような場所では，さすがに乾燥に強い植物も生えることができないわけです．

ここで，非常にまれに降った雨が流れると，上流の方ではインターリル侵食，下流に行くと溝が掘れているのです．このような地形では水が表面を流れてしまうわけです．めったに降らないところで水が表面を流れるということは，地下水の涵養も非常に少ないということになるわけです．

(2) 森林の浸透能と裸地の浸透能

そこで重要になることは，水がどの程度浸透するかという値です．その値を，「浸透能」と呼びます．わが国では，mm/hという単位をよく使います．これは，皆さんよくご存じのように降雨の単位なのですが，雨量と流出量の関係でも非常にわかりやすいということで使われています．

これをまとめられたのは村井宏先生です．今の森林総合研究所に当たる，昔の林業試験場に非常に長い間勤めておられて，この浸透能を非常にたくさん測ったということで，浸透能の神様のような方です．浸透能を測るときは，円筒缶という缶詰の缶のような物を地面に入れて，「ある程度時間がたつと，どれだけしみ込むか」という方法を用います．

地被区分	林地			伐採跡地		草生地		裸地		
	針葉樹		広葉樹天然林	軽度攪乱	重度攪乱	自然草地	人口草地	崩壊地	歩道	畑地
平均値と範囲	天然林	人工林								
浸透能 (mm/h)	211.4	260.6	271.6	212.2	49.6	143.0	107.3	102.3	12.7	99.3
測定値の範囲	131~351	104~387	87~395	123~289	15~90	24~281	17~281	22~193	2~29	41~161

（出典）村井・岩崎（1975）

図2 森林の浸透能と裸地の浸透能

　とにかく，たくさん，たくさん測る．作業は無茶苦茶単調なわけですが，このデータは実は長く使われていて，学術会議の報告のエビデンスにもなっております．

　林では，浸透能はおおむね200 mm/h，平均値でいえばそれを超えているということがわかります．200 mm/h という雨は，わが国の極値です．最近はゲリラ豪雨が増えてきて，それを超える雨も増えてきたのですが，ほぼ経験しないようなことです．このようなところでは，雨水が十分しみ込むということになります．裸地におきましては，その値が随分低くなります．人が歩いて固めた歩道などでいえば，12.7 mm/h．畑地や崩壊地は非常に幅があります．草地なども幅があるのですが，値としてはその間ぐらいになります．このように見ると，「水が非常によくしみ込む」ということが森林の特徴です（図2）．

　わが国において，森林がかなり失われていた時期があります．実は，その時期の方が長かったということが森林を調べた方の研究でわかっています．一番悪い時期，戦後直後ぐらいには，特に西日本を中心に禿げ山のような状況になっていました．山に植生，木があまりないということです．愛知県の犬山など中部地方の林や，関西，中国地方など，かなりの森林が奪われた時期がありました．

　古文書や絵図を調べている方がいらっしゃって，実は江戸時代も今に比べれば森林は随分少なく，浮世絵などでは山が禿げ山になっているところが結構あります．ですが，当時は薪炭として森林の下草なり森林そのものを非常に高度に利用していたので，森林がもじゃもじゃ生えているような状況は，ごく最近のことであるということです．

　さて，このような状況ですと，図3で示したように表面が裸地になり

図3　手入れの悪いヒノキ林

ます．そのような場合は，水が表面を流れて非常に侵食が激しいです．その表面流の侵食によって，土砂が下流に流れていくという状況です．これを，戦後治山事業によって造林をして，緑を回復させたというのが現代の山であるということです．

その後，高度成長期において，このような山がどんどん利用されてきたのですが，実は近年，次のような状況が生まれてきました．ヒノキは比較的高価な木材で，バブル期のピーク時には，立法メートル当たり7～8万円しました．それが，今では2万円を切るぐらいで，非常に材価が下がっています．1960年代の植林ブーム，われわれが「拡大造林」と呼んでいるような時期には，それまで天然林だったところを切って，木材にする木をたくさん植えました．木が数年で収穫できれば，そのときの需要と供給とがマッチされて問題がないのですが，ご存じの通り，木材は収穫するまでに非常に時間がかかるということが特徴です．

(3)　森林の荒廃

図3は30年生ぐらいのヒノキの林です．この林の下を見ると，砂が敷き詰められたようになっています．砂漠の上に木を植えたようで，非常に不思議な光景です．普通，森林といえば，「中に草が生えていて，いろいろな動物がいて」というイメージなのですが，このような状況でした．地表面を見ると，先ほどお話した裸地と同じ状況なわけです．そのようなところで雨が降ると水が表面を流れることが予想されるということで，実際

図4 山の斜面

図5 湧水

どうなっているかを非常に知りたいと思いました．（図4, 5）

2　現在の森林と水資源の課題

(1)　人工林の水・土砂流出を減らすには

　わが国の森林の 40% は人工林になっています．里山だけではなくて，奥山についても拡大造林の対象となりました．このように，上流，奥山まで人工林化されたので，ダムの上流も人工林になってしまいました．短期

降水量の増加や水環境の悪化などに加え，人工林が荒廃することでも水と土砂が出るわけです．

　では，このような非常に荒廃した林をどのように改善すればいいのか？　また，その改善の程度をどう定量化するのか？　前のプロジェクトにおいて，われわれが最終的な結論としてやったことは，水・土砂の流出を減らすための森林の管理方法です．具体的には，間伐をどのタイミングでどの程度行うかという方法論を出したということです．この方法を用いると，非常に荒廃した林の場合，木の半分くらいカットすると適切な状況になることがわかります．

---

(2)　森林の水の浸透を測定する

　森林内の浸透能を定量化するために，われわれは振動ノズル型散水装置というものを作りました．原型はアメリカやヨーロッパで主に土壌侵食の研究に使われていたものです．特許も取っているのですが，これは普通の物とどう違うかというと，雨の粒がとても強いのです．ノズルがありまして，それで非常に強い雨粒を地面に当てられます．そして，その雨粒が実際の屋外における雨粒と同じぐらいのエネルギーであるということが計測されております．売っているノズルで強い雨滴を出すと量が多すぎるので，ここにあるモーターで首振りをします．そして，ある下の場所に適度な降雨強度を与えられるというものです．雨をある区画に降らせて，降らせた量から出ていく量を引いたものが浸透量として計算されます（図6）．これは，最初に山口県に使っていただき，次に石川県や宮城県にも使っていただいています．

　先ほどの話にあったように，浸透能を測るときには円筒缶という物を使っていたのですが，そうすると，荒廃林の浸透能の値が 100 mm/h や 200 mm/h などになってしまうわけです．荒廃林が問題になったときも，「森林の浸透能が 100 mm/h や 200 mm/h あるから問題ない」ということが当時の科学者や業者の方々の一般的な見解で，そのエビデンスとして，村井先生がたくさんやったものがあったのです．

　ところが，これを使って表面が裸地になっているところで雨を降らせると，ほとんどしみ込まないのです．浸透能は最終的に 5 mm/h 程度になり

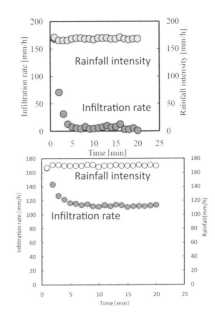

図6 土壌表面の状態と浸透能

ます．今まで，荒廃林において水が出るといってもなかなか定量化されていなかったのですが，この装置を使うことによって数字がきちんと出てきたということになります．下草がある程度生えているところでやると120 mm/h という値で，表面の草の生え方で浸透量が変わってきます．

これを使って，山口県の森林環境保全は，間伐をして草が生えているところと生えていないところで浸透能がこれぐらい違うのか，地下水関与はどれぐらい含むのか，最終的に経済評価も計算したわけです．この調査はそこそこ手間がかかります．現場に200リッターの水を使うのです．そして，セッティングして，キャリブレーションして，雨を降らすということなのですが，山口県の事業のときは30箇所ぐらいでやりまして，県の事務所の方総出でやっていただきました．山口県庁の方がいうには，「ほかがやっていないから，われわれはやるのだ」ということで，さすが長州の人は違うなと思います．本当に驚きました．「最初だから，やるのだ」ということなのです．今では，適切に森林内の浸透能を評価する方法を確立したということで，「浸透能を1桁下げた」ということが評価されて，水文・水資源学会の賞もいただきました．

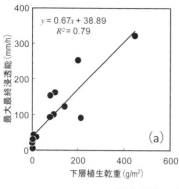
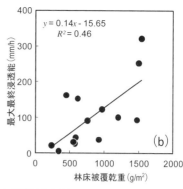

現地散水実験による (a) 下層植生乾重 (b)
図7 林床被覆量と最大最終浸透能の関係

　これで評価すると，非常にいろいろなことがわかります．例えばここで，横軸に下層植生乾重量，すなわち単位平米当たりどれぐらい下層植生があるかということを示します（図7）．そして縦軸は浸透能，実は最大最終浸透能というものです．実際の降雨条件下では浸透能は降雨強度に依存するのです．少しの雨でも表面流は出るのですが，最終的にたどり着いた浸透能は，図の一番上の値を示します．ですので，ある基準化された雨量に比べて少し大きめなのですが，相対値として見てもらえばよろしいかと思います．下層植生が少ないと浸透能は非常に少ないということです．それが，下層植生に比例して増えていきます．この林床の被覆量――被覆量とは落ち葉だけを表したものですが――は，このような感じになります．
　このグラフが，森林管理のときに使う最多密度線と等収量比数線というものです（図8）．これは，横軸がha当たりの本数です．縦軸が，ha当たりの幹材積です．材積とは，木のトータルの体積です．これは，あくまでも林業のために作っているので，「何立米の材が取れる」という図です．一番大事なことは，この最多密度線です．Ryと呼んでいるのですが，木は生態学的な特徴から，ある本数のときに，ある材積，ある樹高，ある密度――最多密度を取るわけです．これ以上密度が増えない，たくさん植えても自然枯死，つまり自然自己間引きというものが起きます．だんだん木を植えていくと，密度，Ryが大きくなります．このように，あるところで切って，あるところで切ってというような形で間伐を繰り返します．そ

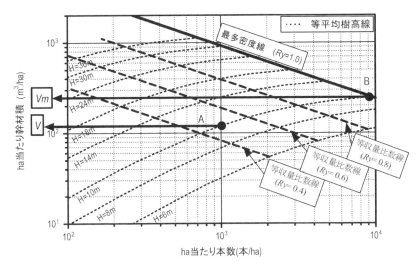

図8 密度管理図における最多密度線,等収量比数線及び等平均樹高線
(南近畿・四国地方ヒノキ林分密度管理図より作図)

れによって森林を管理しているということです.

ここで大事なのが,「では,どれぐらいの Ry で管理すれば,どれだけの光が下に当たって,どれぐらいの浸透能を維持できるか」というような,定量的な把握ができるようになったということです.この Ry によって,大体,下の明るさがわかるわけです.明るさがわかると,植生の生える量がわかります.それによって「水がどれだけ浸透できるか」ということがわかります.そのような定量的なモデルができるということです.

それで,実際どう間伐すると表面の被度が増えるかということですが,間伐前はほとんど被度がなかったのが,間伐すると,100%の光が当たれば100%草が生える,というような状況になります.

明るさと間伐率との関係です(図9).この絵は,初期条件で Ry がほぼ1,最多密度に達している森林です.手入れがされていない林では,もうこれ以上育たないようになっていたわけです.それを改善するために木を切ると,どれぐらい明るくなりますか? という話です.これは,共同研究者の三重県の先生がまとめたものです.この本数の間伐率でいいますと,最初は非常に暗いものですから,30%という通常の強度間伐では十分に明るくならないのです.草が生えてこなければいけないので,15〜20%ぐらいの相対照度,外の明るさに比べて林内の明るさが必要なわけです.

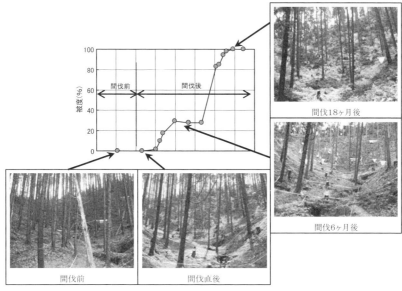

図9 強間伐後の被度変化

　ここで木を切って水資源の改善を行うためにはどのくらい切らなければいけないかというと，強度間伐といわれている通常のものでは全然足りなくて，50～60％，つまり半分切らなければいけないわけです．

　このプロジェクトで「50～60％切らなければいけない」という状況がわかってきたので，水源税の水源管理要件として40～50％という数値を，今，採用しつつあります．そのような結果がわかってきました．

　水循環の中で，このように木を間伐するとどうなるか（図10）．先ほど荒廃したヒノキ林の例で，「雨が降ると，浸透はあまりしないので，水が出て，土砂が出て，濁る」というような話をしました．水循環の中でかなり重要なことは，雨が降ったときに木に当たって，そのまま蒸発する成分が結構あるということです．先ほどガイドラインで，「半分切らなければあまり意味がない」，「半分切れば地下浸透する」とありました．それと同時に，木に着いてそのまま蒸発する樹冠遮断というものが減少します．雨の量がますます増えるわけです．イメージしにくいかもしれないのですが，雨の降り始めに木の下に行くと雨宿りができますね．木の表面に着いて，木の下に水が到達しないのです．それで，雨がやんでしまえば，その水は

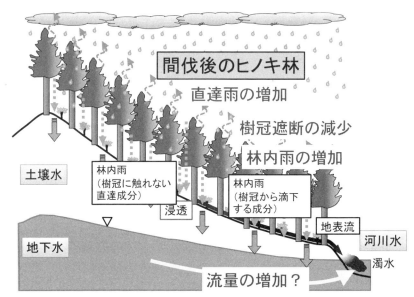

図10 荒廃人工林の強度間伐による水土砂流出の変化

蒸発するだけなのです．これは意外と多くて，「この効果によって水が増えるだろう」という話です．

どれぐらい多いかといいますと，元々，非常に過密な3,500本の立木があったとしますと，半分切ると，その表面流がなくなると同時に遮断率が10%下がります．遮断率が10%下がるということは何を意味するかといいますと，2,000 mmの場合は，地下水涵養が200 mm増加することにつながるわけです．人工林の表面流防止をするために切ることが，涵養量の増加につながる可能性があります．

「渇水にも効くかもしれない」ということで，実際に伐採実験をした例があります．これは，アメリカのジョージアの山で調べたのですが，木を切る前と切った後，また，その樹種を変えた後の水の量の変化です．これは，山の木を切った場合ですが，切った直後，300 mmぐらい水が増えているのです．それが，どんどん減ってきて，今度は逆転します．樹種を変えたので，減っていきます．

木を切った直後はこのような形で水が増えるだろうということで，2014年度までのCREST（戦略的創造研究事業）で「荒廃林を管理すると，

水が増えて河川環境も改善できるのではないか」と，このプロジェクトを立ち上げました．

　そのために大規模な管理実験をしました．われわれは，このような木を切る前と切った後で水の量を測るというようなやり方をベースにして，森林の中の水循環のあらゆるコンポーネントを測ったというわけです．木のところで蒸発するものも，外に降っている雨と林内の雨の差で比を取ることによって，どれだけ蒸発したかがわかるのです．遮断蒸発といいます．あとは，木自体がどれぐらいの水を使っているか，表面流はどう変わったか，水の濁りがどうなったかなど，いろいろ調べます．これを，切る前と切ったあとでモニタリングするというプロジェクトです．

　場所は，栃木の農工大演習林，愛知の東工大演習林，三重県，四万十の山，九州．いろいろなところでやったわけです．木を切る前と切った後，しかも，いろいろな流域の中でたくさんモニタリングポイントを持って，水の量・土砂の量を測りました．たくさんの大学の人が協力して，2億余りのお金を使わせていただいて調査をしました．全部の流域で，本数間伐率が50%以上の強度間伐をしました．それで，どう変わるかということを調べたということです．

　間伐の方法も，今，林野庁が推進している列状の間伐と，木を抜き切りする点状の間伐の二つの方法を用いました．間伐前には暗いところが，間伐後には明るくなりました．更に，草がたくさん生えました．こちら，間伐前はこのような感じだったのが，間伐後はこのように変わりました（図11，12）．

　このようなところで，実際にどうなったかというと，まず，樹冠遮断蒸発過程です．ここが一番大きいところなのですが，木を切って，どれだけ水のロスが減ったか．この面において，木があるということは水循環について明らかにマイナスで，20〜30%の水が全く何も使用されずにロスしてしまうのです．それを調べるために，遮断プロットの木に，間伐前と間伐後の計量分布があまり変わらなくなるように雨量計を配置するわけです（既存研究では器械の距離にある程度依存するところもあるので）．たくさん雨量計があって，データを1箇所のロガーで記録しました．このようなモニタリングポイントを，全国で10箇所ぐらい作りました．

間伐前　2010年　　　　間伐直後　2011年　　　　間伐後　2013年

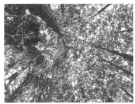 

間伐前
樹冠開空度：12.6%
立木密度：2,198本/ha

間伐後(列状間伐)
樹冠開空度：24.2%
立木密度：1,099本/ha

図11　間伐後の変化：栃木 KS2 流域（列状間伐）

２林班　列状間伐区　　　　　　３林班　点状間伐区

林内の様子

全天空写真（2013年9月18日撮影）

図12　林内の様子（2013年8月16-17日撮影）

そうすると，どうなったのか．間伐前が，大体7掛けぐらいしか林内に入っていません．間伐後は，まあまあ森林内に降雨が多く入ってくるようになったということです．ほかの場所も同じようになってきました．どのような分布かといいますと，林内雨が生じる最小の雨量が，間伐前は1.44でしたが，間伐後は0.55になりました．要するに，林内雨が増えて，木を伝う水も，木の数が減るので減って，この辺りは非常に順調でした．つまり，木の密度と下層に到達する水の量を，ある程度定式化したということです．

あとは蒸発量もきちんと重量計で測りました．そうすると，間伐前後では，基本的にあまり変わらないわけです．木の数に比例します．より正確にいえば，片材面積，水が通る面積と比例します．

このような形で，蒸散は，木の数が減る分減ったということです．しかし，「地面からの蒸発を除く」とあります．地面からの蒸発を測っていなかったのです．それで，その辺りを実際測ってみると，この栃木のヒノキの林については，全体的に水循環で木に起因する水のロスは，間伐後，減りました．結果，流量が少し増えました．ところが，福岡のスギの林は，間伐前と間伐後を比較すると，遮断量は確かに減って，これは非常に大きかったですが，その分，林床面蒸発というものが増えてしまったのです．この辺りは測ってみなければわからなかったところもあって，明るくなりすぎて下草が増えて，そこからの蒸発が増えすぎてしまったということがありました．これは福岡サイトにおいてモデルと実測を比べたのですが，あまり変わりません．福岡は，間伐によって，あまり流量は変わらなかったです．2011年の実測とモデルとを比較すると，本当は，蒸散と地面蒸発が増えていたということになります．

これが，地面蒸発を測定したものです．その木を切っても，下層の草が生えすぎると，下に浸透する量が多くはなるけれども，そこからの蒸発も結構あるという新たな知見が出ました．その間伐前後の効果を定量化するために，一番良かったものは，よく使われているタンクモデルを応用することだったのです．タンクモデルは，よく土木などで使われているのですが，水を一次元のタンクで近似して，ある部分は蒸発して，残りの部分は直接流出と，基岩から流出する部分に分けられます．このようなタンクは

非常に昔から使われていたのですが，間伐前でフィッティングして，間伐後でどう違うか調べると，間伐の効果が明らかになるわけです．実際の降雨は毎年の変化がありますので，これでやってみたということです．その中の特に岩盤流出成分となります．

　この水の流出の仕方は，地質によって随分違います．花崗岩のところは比較的流量変動が少ないのです．この基盤岩のタンクの中に入って，そこをゆっくり出てくる．堆積岩のところは割れ目が多いので，割れ目に入ってそこからすっと抜けるということで，比較的，年ごとの変動が大きいわけです．それが，モデルによっても大体表現できました．これは，福岡の花崗岩のところです．栃木は堆積岩のところです．

　このような形でフィッティングしますと，流量の明らかな増加が見られたところがありまして，それは愛知サイトです．間伐前でフィッティングしたタンクモデルです．間伐を1回やりました．そうすると，モデルの値は，実際に間伐を1回やると基底流量が上がって，2回目はかなり上がっています．結局，「どのような場所で間伐によって効果があるか」ということを整理すると，どうやら，最初の，先ほど言った Ry に関連があるようです．愛知では，実は，非常に過密な林分でした．演習林の中でも非常に過密に管理していて，$Ry=1$ ぐらいだったわけです．それに比べて福岡は，間伐前から比較的光が入って，$Ry0.8$ ぐらいだったと思います．ですので，比較的光が入っているところを50％切ってしまうと遮断は減るのかもしれないですが，地面からの蒸発がそれと同じぐらい増えてしまう．ところが，本当に過密なところを半分ぐらい切ってやると，その流量増加の効果が出てくるということがわかってきたわけです．

　取りまとめの最後で解析が進んできた状況なのですが，「どれぐらいの状況で切ると，どれだけ流量が増えるのか」ということは，初期にイメージしたような単純な話ではありませんでした．水の量をきちんと測りつつやっていかなければいけない．なかなか，このような大規模の操作実験は例がないものですから，やってみるといろいろな新しい知見が出てきて，適用できる場合とできない場合があるということがわかってきています．

　間伐の費用と流出増加ということについては，多くの先生が計算してみました．「1mm増加に対して1,000万円の便益となる」という計算もあ

ります.

　最後，これは林業寄りの話なのですが，「実際，どのような管理をするか」ということです．皆さんに今回お伝えしたいことは，この「Ry」というもので，最多密度に対する比です．森林管理をするときに，「最多密度に対して何％ですか？」というのが一つのキーで，$Ry=0.6$以上にするなどのシナリオを作ります．だんだん時間がたつと，木が成長し枝葉が増えてきて，このRyは上がってくるのです．それを間伐で落としてやる，ということの繰り返しになるのですが，そのような間伐のシナリオも作ります．

　このように，じわじわ増えた場所もあったということなのですが，あまり増えていないところもあるので，長期的な効果などを調べたり，いろいろなモニタリングをもう少しやっていった方がいいなと思います．このような実証実験をやったら，ここまでわかって，新たな形が出てきたということです．

3　福島第一原発事故後の放射性セシウム

　われわれは1992年頃よりセシウムを使った土壌侵食の研究を行ってきました．その研究には核実験起源のフォールアウト（Fallout）を使いました．セシウム137は，東西冷戦のとき，1963年ぐらいをピークに非常に降っておりまして，わが国でも，大体 $2,000\,\mathrm{Bq/m^2}$ ぐらいは全国どこでもあります．これは三重県の山の例ですが，尾根の上の方では $200\,\mathrm{Bq/kg}$ 以上あります．これは，侵食も堆積もしていない場所です．$\mathrm{Pb\text{-}210_{ex}}$ というものがあって，これは何かといいますと，岩盤・岩石の中でウランが分裂してラドンになって，ラドンがガス化して，それが降ってくるということです．これは，トレースアップして使えるわけですが，とにかく，セシウムがこれぐらい西日本も含めて日本の山のどこにでもあるということを理解してください．

　三重県の山の例では，この尾根から斜面のところでセシウムの量がどれぐらい違うか，調べてみました．場所によってセシウムの量が違います．例えば，この斜面の上の方であれば，単位面積当たり $2,700\,\mathrm{Bq}$ だったのですが，斜面の下の方になると $600\,\mathrm{Bq}$ しかありません．今，多くの人に

「セシウムは土に着く」ということが知られているのですが，土についているセシウムが少ないということは，その分，侵食されているということです．つまり，セシウムが少なければ，「1963年以降，平均どれぐらい侵食されたか」ということがわかるということです．これはなかなか便利なもので，よく使われていたのですが，わが国でこれをやっている人はほとんどといっていいほどいなかったのです．

私は，だいぶ前からこのIAEA（国際原子力機関）の共同研究プロジェクトに入っていて，ここで世界中の方と研究しました．そのセシウムを使った土壌侵食調査で有効なものは耕作地です．このプロジェクトの場合は，貯水池もしくは乾燥地域でどれぐらい出ているのかを調査しました．そのように，モンゴルで測定して論文を書いたり，砂漠化でどれぐらい減ったかを調査したりと，そのような研究をしていたところに，福島第一原発の事故があって，それから生活が一変して大変なことになりました．

そちらのIAEAのプロジェクトで学んだ方法として，土壌サンプリング方法があります．それは，グローバルフォールアウトの少ない量のセシウムを正確に測るということです．そのような分野の研究がずっと集積していまして，これは，そのやり方の一つなのです．スクレーパープレイトというものです．土の表面を，薄く，かんなのような物で削ります．これまでの研究でもセシウムの断面もスクレーパーで測ったのですが，これもわが国ではわれわれしか扱っていませんでした．

5 cmもサンプリングすればほぼ100%取れるのですが，よく使われているのはコアです．そこでは，「コア・サンプリングで，深度分布は取るな」ということを徹底して教え込まれました．といいますのは，結局コアで取ると，コアの側面からどうしても中に引きずり込まれてしまうのです．田んぼの土のように粘り気の多い土は比較的いいのですが，特に砂っぽいものなどは引きずり込みが非常に多いので，コアでやって切ると，どうしても深めに出てしまうということがあります．そのようなわけで，われわれが書いた論文はとても引用数が多いのですが，初期のデータとして事故直後の4月に取ったということに意味があるということです（図13）．

これは初期にいろいろな講演会で話したのですが，まず，セシウムを扱う場合には「単位面積当たりにどれだけあるか（Bq/m²）」が重要なのです．

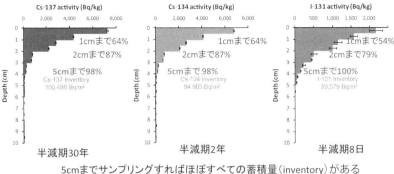

図13 川俣町の土壌サンプリング調査結果

マスコミに何度いっても,「Bq/kg」を出してしまうのです.「kg」は,濃度にすぎない.先ほどのような深度分布がありますので,濃度の持つ情報は非常に限られたものになります.これについて,文科省の測定マニュアルではこの辺りをしっかり書いていないなど,非常に構造的な問題があります.

実は,これはわが国だけではないのです.私は,年間に計4週間ぐらいウィーンに行って,緊急時のマニュアルを作る仕事をしています.やはりIAEAでも,「緊急時に一体どのようにサンプリングをして,どう評価するか」ということは,意外と整備されていないというのが実情です.いわゆる,「初期のフォールアウトで,どれだけ汚染されているか」など,そのようなものをやるときには,平米当たりです.西日本でも,2,000 Bq/m² ぐらいはあるということなのです.その程度は,完全にバックグラウンドとして存在するということです.

4 環境の中に放出されたセシウムの動き

「放射能の動き」というものをやっている人もなかなかいなかったので,結局,文科省関連の研究をこのようなプロジェクトとして代表研究者となりました.初期は文科省で,それが原子力規制庁に管轄が替わったのですが,そこでいろいろ面倒なことになっているという現状なのです.ここでは,いろいろな大学の専門のチームを集めて,「環境中に放射能がどう動くか」ということを調べました.われわれの専門が森林や水だったので,

図 14　環境中での放射性物質の移行（2011/6−）

それを中心に「畑からどれだけ出る」,「水田からどれぐらい出る」など,そのようなことも併せて包括的に調査をしてきたということです（図14）.

森林におきましては,福島県の7割ぐらいを占めています.ですから,放射性物質が飛んで,真っ先に森林の上の方に着きます.最初に森林にどれぐらい着くかということも遮断なのです.先ほどの雨の遮断と一緒なのです.放射性物質の初期遮断というのがあって,それから落ちてくるということなので,われわれが指導して作ったモニタリングシステムというものは,先ほど森林のプロジェクトでやったものを,ほぼそのまま持ってきたということになります.

(1)　観測体制

森林におきましては,まずタワーを建てました（図15）.なぜかといいますと,最初は上の方に放射性物質が来て,それがだんだん落ちてくるからです.今までは林内雨の量を測っていたのですが,今度はセシウムの濃度を測るわけです.あとは,落ち葉です.2011年7月ぐらいから,図15のような観測体制を作って調査を始めました.ざっと,その調査結果から,どのような状況で放射性物質が水とともに動いて,水域にどのような影響

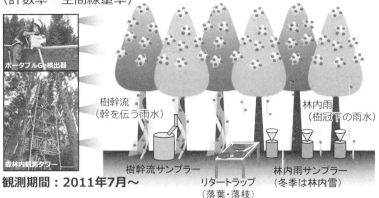

図15　観測体制（山木屋サイト）

があったかを下記に述べます．

(2)　どのように放射性物質は移動していくのか

　最初，たくさんの放射性物質が木に着きました．それが，時間とともに落ちてくるのです．この調査は，2011年7月に，この福島で始めたのですが，その前に，先ほどお見せしたCRESTの「森林と水」のプロジェクトの場所で測っていたので，栃木では，事故直後からのデータがずっと取れています．

　そのような状況で全体が押さえられたのですが，その両方を合わせても，最初に降っていた200日ぐらいは，この水とともに放射性物質が林の中で落ちてくるということがわかりました．これは，チェルノブイリ事故のときにはほとんど取られていないデータです．チェルノブイリ事故は起こったことが誰にもわからなくて，その後の対応がどうしても遅れたということです．

　これは，積算セシウム降下量です（図16）．最初は水で落ちてきたので

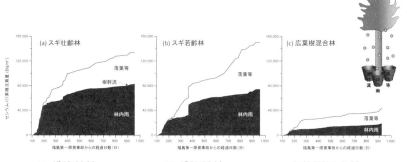

図16 林内へのセシウム沈着量の時間変化
(2011年7月～2013年11月の期間)

すが，その後は，葉っぱで落ちてくる，落ち葉になって落ちてきます．これが，スギの若齢林と壮齢林です．この図は広葉樹の林です．広葉樹の林は3月ではまだ芽吹いていなかったのですが，それでも，周りの樹幹などに着いたものが転流したものと見られて，落ち葉の濃度もそこそこはあったわけです．とはいえ，最初にトラップされている絶対量が，スギよりもずっと少ないということで，濃度はスギより低い形となっています．そして，森林からどう出るかといいますのが，このような流量を測って，浮遊土砂や粗大有機物を測って，森林からどのくらいセシウムが出るかを測るというような形です．あとは，土壌侵食です．土壌侵食によって，どれぐらい出るか，正面からどれだけ抜けるか，という話です．これは，いろいろなパターンを作りまして，未耕作地は完全に除草剤をまいて裸地にしました．最悪の場合，どれだけ出るか．あとは，草地などは耕作をしてやる．あとは，水田です．これも，初年度から試験水田を作って，米にうつるものは農水省の方でたくさんやられているので，水田から川にどれだけ出るかということを，われわれは調査したということです．

あとは，このような侵食プロットです．これは，22 m，USLEのサイズ

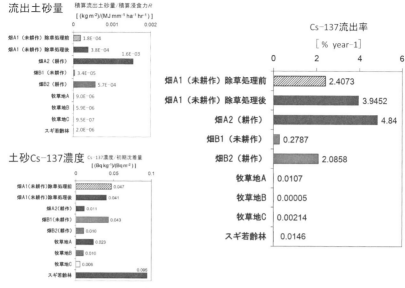

図17 セシウムの流出量の比較

で測って，いろいろな草等，7箇所ぐらいを作りました．それで，どのようなことになったかといいますと，右側の図がこれは1年間当たりの土砂量です．実は耕作地の方がたくさん出るのですが，除草したところはそこそこ出ます．なお，濃度は，耕作すると混ぜられるので薄くなります．先ほど言ったように，表面に，沈着しているものなので，耕作するとそれがミックスされますから，セシウム濃度は薄くなります．その結果，年間のセシウム流出量で見ると，除草剤で表面処理したようなところですと，年間最大3，4％ぐらい降ったものが斜面から出るということです．耕作すると，もう少し出るというようなことです．B2は草が多少生えていると思うのですが，こちらの方は少ないということになります（図17）．

ほかの草地や裸地などは，斜面からほとんどセシウムは出ない，川にはあまり行かないということです．ただ，注意しなければいけないことは，この畑から放射性セシウムが出るといっても，移動して，川に全部行くわけではないのです．川に流れるものは，その数十％ということです．

あとは，森林で覆われた源流域で，測定した水中のセシウム濃度を示します（図18）．水の溶存態というものです．フィルターで非常にろ過した

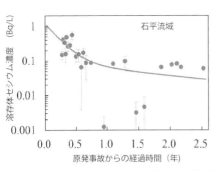
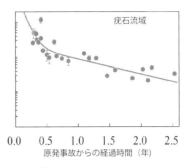

図 18 渓流水の溶存態セシウム 137 濃度

水なのですが，それを 6 月ぐらいからずっと測っています．最初は 1 ベクレルを超えるものも出たのですが，最初の 1 年ぐらいでどっと落ちて，その後は緩やかに減少します．点が多いところは，雨のときにどう変化するかというものを取った場所になりますが，大体，最初に落ちて，それから，ゆっくり下がってくるということです．

それから，田んぼです．データサンプルはまたあとで説明しますが，田んぼから出る水の量と濁度は，とにかく濁りを取るというサンプラーを設置しました．先ほど，「畑からのセシウムは川に全部行くわけではない」という話をしたのですけれども，田んぼは 100% なのです．出ると，そのまま完全に川に入るのです．土壌の侵食の研究所も，その値がすごいトピックになっています．これが大変重要なのですが，先ほどの森林のときに，「林業をやっている人は，森林の土壌の肥沃性は重要視するけれども，下流の影響は見ない」といったことと同様に，農水省などが測っているところは，初期の段階では，代かきをして川の外へ汚染物を外へ出す実験をやっていたぐらいですから，下流のことはどうでもいいというような感じになってしまいます．ですので，その辺りを押さえようということです．

それで，そのような場所のセシウム濃度をずっと測ってきました．そうすると興味深いことがわかってきました．最初は非常に高いのですが，このように，グッと下がっています．最初のこの 1 点は，実は，代かきのときの値なのです．最初の代かきのときに出る濁水の濃度が，非常に高かったということです．その後，雨によって出るものを測ってみると，がらりと下がって，それから徐々に下がっているということです．田んぼにつ

いては，チェルノブイリにはないので，治験が全然なかったのですけれども，最初，非常に出てしまっていたということになります．川にそれが流れていく，ということです．

(3) 放射性物質の水系への移行

　土壌や田んぼから運ばれたセシウムは水系へと移行します．これも文科省の最初のデータなのですが，河川水のセシウム濃度というものがあって，「放射能測定マニュアル」というものに沿って，緊急時の水をやった例です．その場合は，川の水をそのまま汲んで測るということで，緊急的にはいいのですけれども，水の中で溶存態がどれだけで，懸濁態がどれだけということを，あまり区別していないのです．そのような測定をしていると，変化傾向もあまりよくわからない．ただ，そのときの濁りが少し多いと，濃度が上がってしまいますので，それはよくわからないデータであったということです．

　また，川底の土です．それもなかなか悩ましいところなのですが，このセシウム濃度は，細かい粒子に着くというのは知られていることで，「では，どのような粒子に着くか」ということも既に研究があります．セシウムの濃度は球形仮定した比表面積の 0.65 乗に比例することがわかっています．

　図 19 ではセシウムは細かい粒子に着きやすいということを示しています（図 19）．例えば，1 mm，0.1 mm，0.01 mm というようなもの，1 cm，1 mm，10 mm と．それで，比表面積，これは球形仮定ですが，このときのセシウム濃度を 1 とすると，シルトですと同じ汚染度でも 20 倍，年度ですと 100 倍近いということで，初期に，セシウム濃度がとても高い値を示したときに，これを見せたのですが，なかなか理解されづらい状況でした．

　では，「これを kg で表す方法はないのか」といいますと，粒径補正というものがあります．粒径補正とは，先ほどの関係式を使って粒度で基準化して，相対的な濃度を出してやるという方法です．この方法を使うと川の汚染度が相対的にわかるということです．

　次に重要なのは川の中をどのくらいの濃度のセシウムがどのくらいの量

球形仮定の場合（実際には，もっと差が大きくなります）

幾何平均代表粒径（cm）	比表面積（cm^2/g）	Cs-137 濃度	
0.1000	23.1	1.00	砂
0.0100	230.8	4.46	砂
0.0010	2,307.7	19.93	シルト
0.0001	23,076.9	89.04	粘土

細粒粒子が集積すると Cs-137 濃度が飛躍的に上がる（場合によっては，100 倍以上）→いわゆる“マイクロホットスポット？”の形成

高濃度のセシウム（Bq/kg）が検出されたことによって，“高濃度汚染地域”というのは間違った解釈。

図 19　セシウムは細粒な土壌粒子に吸着されやすい

流れているかということです．これは，文科省の方でモニタリングポイントを 30 箇所作ってあります．そこで何をやっているかといいますと，濁度を測って，この浮遊砂サンプラーというものを使うのです．これは何かといいますと，ここに 4 mm の穴が二つ開いています．中が 10 cm です．水が 4 mm の細い穴を通って 10 cm のところに来ますと，流速が 1,000 分の 1 以下に落ちてしまって，川に置いておくだけで，雨の洪水時の浮遊土砂をここでトラップできてしまうという，なかなか画期的なものです．これも，2000 年に，セシウムをトレーサーとして使っているグループで開発されました．これを，阿武隈川，その他に，たくさん置いておいたということです．

　これを見ますと，一番初期の濃度で結構すごい値が出てしまいまして，阿武隈川本川の伏黒というところで，セシウム 137 で 5 万 Bq/kg という濃度の浮遊砂が初期に川を流れていた（図 20）．環境基準は 8,000 Bq/kg とありましたので，基準の 10 倍ぐらいの放射性セシウムが——基準値が低すぎたということもあるのですが——流れていたという状況です．それが，本川でも，かなり汚染された地域でも，あまり濃度が変わらなかったのです．非常に不思議な状況だったのですが．水の溶存態と懸濁態の両方を測って，どれぐらいの水が海に行くか，セシウムが海に行くかがわかるのですが，それでセシウムの比を取ると，98％ くらいでした．90％ 以上，ほとんどが濁りで海に行っているのだ，ということがわかってきたわけです．

| | SS | | | |
| | Cs-137 | | Cs-134 | |
	濃度（Bq/kg）	誤差（Bq/kg）	濃度（Bq/kg）	誤差（Bq/kg）
01 水境川	39,000	2,430	33,600	2,190
02 口太川上流	47,600	1,610	42,500	1,490
03 口太川中流	20,600	1,280	16,900	1,120
04 口太川下流	33,700	787	29,400	700
上記 4 地点の測定期間	（2011/6/27-2011/8/10）			
05 伏黒	54,200	1,520	49,100	1,420
伏黒の測定期間	（2011/7/11-2011/8/9）			
06 岩沼	34,100	1,730	28,000	1,510
岩沼の測定期間	（2011/7/11-2011/8/9）			

浮遊砂：初期は基準値の 10 倍以上

図 20　浮遊砂中の放射性セシウムの平均濃度

　それが時間的にどうなってきたかといいますと，この本川，初期は，本当に 5 万 Bq/kg もあったのですが，その後どっと減っています．どっと減りまして，もう，2 桁近く下がっています．本川の下がりが非常に早いです．支川は，あまり下がりがよくなくて，その辺り，どうしてそうなるのかということであります（図 21）．

　そうしますと，いろいろな特徴が見られまして，二つの事例を挙げましたけれども，阿武隈本川は，どこも非常に落ちています．支流になると，落ちがいいものと悪いものがあって，浜通りも比較的落ちがいいところは少ないということです．溶存態も同じような傾向があって，先ほど言ったセシウムの濃度の下がり方を見ますと，「土地利用にかなり関係がある」ということがわかってきました．

　この上流はかつての警戒・避難区域です．このようなところには森林が多いのですが，下流に行くにつれて，田んぼがあって，都市があるわけです．最初に，一気に田んぼからセシウムを出してしまいましたから．初期にこうして出してしまいましたので，田んぼの濃度がずんずん下がっていった．それで，田んぼの割合によって，このような傾向が出てきています．都市も，出やすいという特性があると思うのです．その辺り，われわれは，都市のデータを取っていないのです．

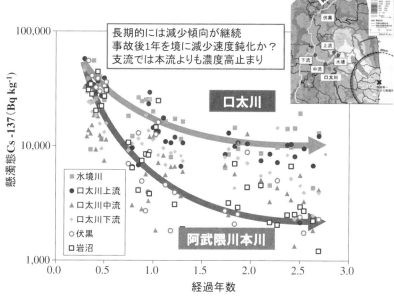

図 21　長期観測 6 地点における懸濁態セシウム 137 濃度の経時変化

(4) チェルノブイリとの比較

　福島原発事故とチェルノブイリ原発事故の比較をなぜやる必要があるかといいますと，チェルノブイリの例を見ていただくとわかりやすいです．チェルノブイリのときの事故調査は，旧ソ連軍でやっていたこともあり，トップダウンで非常に徹底的な調査をしました．それはなぜかといいますと，キエフという町がチェルノブイリ原発の下流にあるということもありまして，ここでの水の状態が大変重要であったからです（図 22）．

　ここで，どうしてきたかといいますと，溶存態と懸濁態を分けて，しっかり取りました．そのために，原液ろ過装置というものを旧ソ連の気象研究所が開発しました．これは，多段ろ過，10 段のろ過ろ紙があって，それが並列になっているのです．普通，ろ過するとすぐに詰まってしまうのですが，並列に，10 段になっているがために，かなり行っても詰まらないということです．われわれも，いろいろ交渉して，「パテントは要らない」というような話もきちんとして，こちらと同じような物を作ったとい

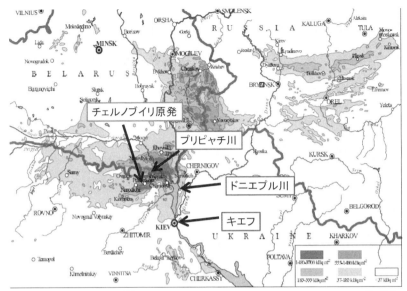

FIG. 4.4. Distribution of deposited ^{137}Cs in the most contaminated areas of the Dnieper River basin (December 1989)[4.1].

図22　チェルノブイリ原発によるセシウムの蓄積量

うことです．それを吸着させて，これで，溶存態と懸濁態をしっかり分けて調べてきたということです．

それで，そのモニタリングが，直後から現在に至るまで延々と続いています．水中のセシウム濃度が低濃度になってくると，もう飲んでも大丈夫ですし，人間的な被害はあまり問題ないです．問題は，このようなものは減ってはきているのですが，魚などに，セシウムの移行があるということです．特に肉食魚のようなものは，下がりが遅い．早いのもあるのですが，遅いです．淡水魚がかなり高いということもあって，長期的にデータを取っていかなければいけないのではないかという状況であります．

チェルノブイリ事故の河川水中のセシウムの低下傾向を見てみますと，1年目はざっと下がります．その後，7年間ぐらい，じっくり下がってきて，それからある程度行くと平常状態になる，というようなデータが出ています．三つの指数関数モデルということで表されるような解析もあります．特にわが国においては田んぼが非常に多いので，そのような場所でどうなるかということを何とか長期的に取れる方策はないのかと，模索している状況です．

Q&A 講義後の質疑応答

Q 土砂災害については，間伐はどれぐらいの方がいいのでしょうか？

A 土砂災害については幾つか説があって，まとまっていない状況です．

水循環からいいますと，木を切ることによって遮断が減るということで，地下水が上がりやすくなるという面が一つあります．一方，木を切らなければ根が非常に浅い状況が続いて，いわゆる土壌の不安定化というものが起こります．根が十分に下を張り巡らせないということです．

ですから，確たる説はないといいますか，プラス・マイナス両面あるということになります．

Q 森の樹種によって，最適な間伐や，それによる影響の違いなどがあるのでしょうか？

A 今回スギとヒノキをやったのですが，初期条件として，スギとヒノキはかなり違いがあります．同じように暗くなっても，出る土砂はヒノキ林の方が圧倒的に多いです．ヒノキ林の方が，より初期条件が悪いということになります．暗くなって表面が裸地化するものは，主にヒノキや，それに類するものです．スギは落ち葉が落ちてくるので，浸透度の低下はそれほど見られません．

その後，木を切って樹冠遮断がどれだけ減るかなど，その辺りは樹種による違いはそれほど見られません．スギでもヒノキでも木を切ることによって，遮断が減って，下に水が入るということは，あまり変わらないというような状況です．

Q 林業としては，なかなか木の値段がつかなくなってきていますが，身替わりダム建設費用という考え方もあると思います．適切な管理をすることによって涵養ができて，それによってダムと比較しての費用便益なども出てくると，事業として成立するのでしょうか？

A これについては，ようやく試算をしたところであります．間伐による流出量の増加がどの程度かということが，幾つかの調査でようやく出てきました．たくさんデータがたまってきますと，間伐費用というものがすぐ

に出ます．今，林業は補助金漬けでして，間伐といっても9割は補助金だといわれております．10割補助金というものもたくさんあるようですが，われわれがここで苦慮したことは，この補助金率をどうするかということです．「補助金とは，そもそも何か？」ということから始めました．林業のためなのか，水源管理のためなのか，その辺りもぐじゃぐじゃになっておりまして，悩ましいところだったのですが，この補助金率を入れて計算したわけです．この場合は，5割ぐらいで計算しました．

　それで，ダムの建造費とどれぐらい比較できるか，事業になり得るか？というご質問ではあったのですけれども，いずれにせよ，定量化しなければならない問題ではないかと思っています．いずれにしてもこれまでは数字が出てこなかったということが最大の問題であります．今後のダム計画や森林計画を考えると，その辺りの数字をしっかり出してやることが，「このような形で政策的に使ってもらいたい」というための取っ掛かりになるかと思います．

Q　戦前，禿げ山にしてしまった人工林などはこのように手をかけていかなくてはいけないのでしょうけれども，それに対して天然林も，同じような考え方なのでしょうか？

A　天然林が，いわゆる水涵養の中で「良い」というような神話的なものもありますが，当然ながら天然林においても，遮断や蒸発的にロスが相当ございます．近年，特に里山などで，「木を増やしたら，むしろ水が減った」というところも出てきまして，やはり，その辺りも目的に応じて考えていかなければいけないわけです．

　いずれにしても，森林はファンタジーの世界にあったのですが，やはり，科学的な数字を入れて切り込んでいかなければなりません．今回は人工林ですが，天然林についても同様なことがいえます．要するに，水循環の中で客観的に測るということを通じて，今後，様々な計画に生かしてもらうようなデータができれば，ということです．

Q　懸濁態と溶存態のセシウム濃度とあるのですが，それぞれにどのような特性があって，それを測ることによって何がわかるのかということ教えてください．

A 懸濁態とは濁り成分でありまして，このようなサンプラーで取れるわけですが，主にセシウムの輸送です．セシウムの輸送過程を見るときに，懸濁態が大半を占めるものですから，懸濁態の正確な濃度の測定と，それをベースにフラックスの測定をして，どれぐらいの量かということが一番大きなことです．

一方で，溶存態は，濃度が高いときは人間の被ばくにかかわることになります．溶存態との関係が強いと言われているものが，生物・魚などへの生物移行と，もちろん，人間の利用です．文科省の時代は，このようなデータがすぐにプレスされていたのですけれども，規制庁になってから，なかなか表に出てこなくなってしまいました．住民にも伝わっていなくて，「水は大丈夫か？」と，いまだに心配されている方もいます．そのような状況を考えれば，溶存態がとても大事だということになります．

Q 間伐率という議論が多かったのですけれども，その目的が，一旦水を森林で貯留するという，水循環からの視点でのお話が主だったと思います．いわゆる間伐するということの目的は，そのようなことなのでしょうか．それとも，ほかに何か目的があるのでしょうか．耐用性のようなところでの目的などはなくて，水の貯留という視点からの間伐が主な理由になっているということなのでしょうか？

A 水というものは，水源税の議論があってようやく議論されてきたのですが，基本的に間伐は，いわゆる木の生育を助けるためであります．ですから，良い材を取るために，今までの森林制御計画というものができてきたわけです．ある種それがいけないところは，林野庁などが，「どれぐらい切れば水に良くて，どれぐらい切れば木に良いのか」という客観的なデータは一切なしに，「間伐をすると木にも良いし，環境にも良い」という予定調和論でずっと議論をしてきたところです．私の場合は水に特化しているのですけれども，「では，水に特化した場合は何％切るか」というような話であります．

第5講
水資源環境の持続的利用と生態系の保全

山室真澄
東京大学大学院新領域創成科学研究科教授

山室真澄（やまむろ　ますみ）
1984年東京大学理学部地理学教室卒業．91年東京大学理学系研究科地理学専門課程博士課程修了（理学博士）．91年通商産業省工業技術院地質調査所．2001年（独）産業技術総合研究所海洋資源環境研究部門主任研究員．07年東京大学大学院新領域創成科学研究科教授．

はじめに

日本では高度経済成長期を通じて，海域を含む多くの水域で汚濁が進行しました．水域の汚濁には，重金属や農薬などそのものが毒性を持つ物質による汚濁と，有機物濃度が増加する有機汚濁の2種類があります．有機物そのものは毒性を持たないが，分解されるときに酸素が消費されて酸欠になり，生態系が攪乱されます．また水道原水の有機物濃度が高いと，有害な消毒副生物の発生量が増えています．近年，護岸などの防災事業が湖沼生態系を攪乱し富栄養化進行の一因になったとして，ヨシやアサザなどの植栽事業が水質浄化・自然再生を目的に行われています．本講義では江戸時代以降の日本での水資源環境利用やそれにより生態系が受けた影響を有機汚濁を中心に概観し，近年行われている対策にも触れながら，水資源環境の持続的利用の方向を探っていきます．

1 「公害列島」だった頃の日本の水環境

私は1960年生まれなので，「公害列島」と言われた高度経済成長期の日本の水環境をよく覚えています．7歳以降に住んでいた大阪府寝屋川市では，新興住宅街の周りにまだハス田や水田が広がっていました．その水田がある朝，まっ白になっていました．魚毒性の農薬がまかれて，死んだ魚に埋め尽くされたからです．魚は白い腹を上にして死んでいました．見渡す限りまっ白でした．この田んぼにこれほど魚がいたのかと驚くとともに，「この田んぼも，この田んぼの水が流れていく淀川も，昨日までとは違う世界になったんだ」と思いました．私はそれ以来，白いご飯を見ると死んだ魚の腹が重なって，お米を食べられなくなりました．今でも，おつきあいでお寿司を食べるとき以外は食べません．それくらい，その日の経験は衝撃的なものでした．

この頃の日本がどういう状況だったか，東京都のホームページから画像を取ってきました（昭和46年，「東京の公害」写真コンクール作品，図1）．中国の環境が劣悪であると報道されることがありますが，私が経験した1960年代後半から70年代の日本は，まさに現在の中国のように，環境破壊が日常の中で進んでいました．例えばこの写真は，東京湾で漁をしてい

図1 「東京都の公害風景」http://www2.kankyo.metro.tokyo.jp/kouhou/fuukei/top.html）

るところです．当時の日本では合成洗剤のアルキルベンゼンスルフォンサン系の化合物が使われていて，海が泡だらけでした．当時の東京湾からは，重金属に汚染されて背骨が曲がった魚も捕れていたのですが，工業排水や農業排水だけではなく，家庭からの洗剤もこのように水環境にダメージを与えていたのです．そしてこのような海で捕れた魚を，当時の人たちは普通に食べていたわけです．

2 水環境における二つの「汚濁」

水環境における「汚濁」には，魚毒性の農薬や重金属のようにそれ自身が毒性を持つ物質による汚濁と，もうひとつの「汚濁」があります．例えば「アオコ」という現象は，湖や池の表面を，黄緑色のペンキで覆ったような色に変えます．また海では「赤潮」と言って，海面を赤や濃いオレンジ色に変えてしまう現象が起こります．その原因は人間が作った化学物質ではなく，大きさが 100 μm（10 分の 1 mm）以下の，非常に小さい植物です．アオコはラン藻，赤潮は主に渦鞭毛藻と呼ばれる植物が異常に増殖して生じる現象です．それらの植物には毒を含む種類も稀にありますが，常

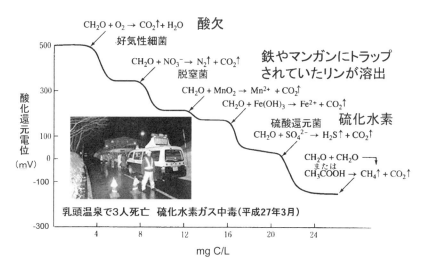

図2 水中の有機物を微生物が分解することに伴う水質への影響

に毒になるわけではありません．ただし，これらの植物は有機物です．水の中に有機物がたくさんあると酸欠をもたらします．それが多くの生物にとっては非常に致命的なわけです．水の中に有機物が多いと，細菌が酸素を消費して有機物を分解するので，水中に溶けている酸素の濃度が減ります．エビやカニなどの甲殻類は，1 L の中に 4 mg の酸素が溶けていないと生存できないとされています．海底は元々酸素が届きにくいので，海底に住むアサリなどの二枚貝は甲殻類よりは酸欠に強いのですが，それでも1 L 中の酸素が 2 mg 以下になると致死的とされています．

　急速な水環境の悪化を食い止めるため，1970年に水質汚濁に関わる環境基準が閣議決定されました．重金属などの直接毒になる物質による汚濁については「人の健康の保護に関する環境基準」とされ，現在では27項目を公共用水域でモニターしています．それに対して「生活環境の保全に関する環境基準」は直接人の健康に影響する物質ではなく，浮遊物質量や溶存酸素濃度，そして有機物に関わる指標として河川では生物化学的酸素要求量（BOD），湖沼・海域では化学的酸素要求量（COD）がモニターされています．

　図2は有機物（CH_2O）がどれぐらいあると，その分解に伴って水質がどう変化するかを示したものです．水1 L に炭素（C）換算で 4 mg 以上の

有機物があると，酸素を使って有機物を分解する好気性細菌によって酸素が使い尽くされ酸欠状態になります．

　酸素を測るだけでは酸素がゼロになってからの変化を追跡できないので，ここでは酸化還元電位という指標を使って有機物濃度との関係を見ています．4 mg 以上有機物があると，まだ餌があるぞということで，脱窒という代謝をする細菌が増えます．酸素がないので，有機物を分解するときに硝酸を利用します．その結果，二酸化炭素ではなく大気窒素（N_2）が出てきます．さらに有機物がたくさんあると硝酸もなくなって，水や泥の中に溶けている酸化鉄や酸化マンガンなどを使って有機物を分解する細菌が増えます．そうするとマンガンや鉄が溶け出てくるのですが，このときにマンガンや鉄と結合していた「リン」という，植物にとって肥料になるものも一緒に出てきてしまいます．そうなると植物であるラン藻や渦鞭毛藻などによる光合成が活発化し，水底に沈降する有機物をさらに増やしてしまうという負のスパイラルに陥ります．さらに有機物があると，今度は硫酸を使って代謝をしてエネルギーを得る，硫酸還元菌が増えます．そうすると人間も死んでしまうくらい猛毒な硫化水素が発生します．図中の写真は平成 27 年 3 月に，温泉から出てきていた硫化水素が貯まっていて，それを吸った 3 人が亡くなったという事件です．

　海がここまで酸欠状態になると，「死の海」といっても過言でない状態になります．東京湾で発生する「青潮」は，有機物が細菌によって分解される過程で大量の硫化水素を含んだ水塊が底の方で形成され，それが湧昇する現象です．表層で硫化水素が酸化されて硫黄あるいは硫黄酸化物の微粒子になるのですが，一部硫化水素も残っているために，魚貝類が大量に死ぬことがあります．地方によっては「苦潮」と呼ぶこともあります．

3　水質浄化とは？

　このように水中の有機物が多いことで弊害が生じている場合，「水質浄化」とは，水中の有機物濃度を減らすことです．この有機物の指標として，先述のように，湖沼や海域では COD を指標にして削減に務めています．

　ここで「水質浄化とは，水中の窒素やリンを減らすことでしょう？」と思われる方がいらっしゃるかもしれません．それはなぜかと言うと，アオ

コや赤潮をもたらす植物は，水中に溶けている窒素やリンを養分として光合成を行い，有機物を作るからです．ですので，水中の有機物をゼロに減らしたとしても，窒素やリンがあると植物によって有機物が作られてしまいます．植物が有機物を作らないためには，窒素やリンを減らさねばならないのです．ただし，窒素やリンを減らすことが究極の目的ではなく，有機物を減らすことが目的であることがポイントです．

　では次に，義務教育で水質浄化と生態系について，どのように解説しているかを見てみます．中学 3 年生用のある理科の教科書には「家庭や工場などから排出された排水が川や湖などに大量に流れ込むと，生態系における分解者のはたらきを超えて有機物が供給され，水はしだいに汚れていく」とあり，有機物が水質汚濁の原因であることが説明されています．「また，汚れた水が海や湖などに大量に流れ込むと，植物プランクトンが大量に発生することによって赤潮やアオコと呼ばれる現象が頻発し，水生生物の生存をおびやかすこともある．このような環境では，限られた生物種しか生息することができない」としています．この教科書では次に，浄化対策を紹介しています．「ヨシやマコモ，アサザなどの水生植物を湖岸に植えると，波による浸食が抑制され，昆虫や魚類，鳥類などの生息の場となる．また，水生植物の茎や根に付着した微生物が湖水中の有機物を分解し，水を浄化していく」．

　ここで言う「微生物」は細菌を指すと考えられますが，この記載は正しいでしょうか．先ほど説明したように，有機物があればそれを利用する微生物は付着するところがなくても水中で増えます．そしてまずは酸素を消費し，酸素がなくなった状態でも有機物が残っている限り，硝酸，硫酸など，酸素に代わる物質を使って微生物は有機物を分解します．したがって，そもそも微生物が増えないように有機物そのものの量を減らすことが水質浄化であって，微生物を増やすことは水質浄化ではありません．

　それからもうひとつ大切なことは，ヨシやアサザもアオコや赤潮と同じ植物だということです．つまり，それ自身が有機物なのです．ですから，ヨシやアサザを植えるということは，有機物を増やすことに他ならない．さらに言えば「波による浸食が抑制される」ことがよいのであれば，図 3 が理想的な水質浄化対策になってしまいませんか．波による浸食を防ぎ，

図3 波を止めて浸食を防ぐために作られたコンクリート護岸施設

微生物が付着する場所を作り，かつ自身が有機物でないことが水質浄化としてベストだとしたら，これが理想ということになります．しかし，研究者も含む多くの人が，コンクリート護岸は自然破壊だ，これによって水質が悪くなったのだと思っているわけです．植物は自然だからよく，コンクリートは自然破壊だから悪いというステレオタイプ化があって，かつ同じ植物でも，「渦鞭毛藻とアオコは悪者，ヨシとアサザはよいもの」という非科学的な思い込みが義務教育の教科書にまで反映されているように思います（因みにアメリカではヨシは外来種で，有機汚濁負荷を招き，流れを停滞させることで酸欠をもたらす悪者，除草剤を使ってでも駆除すべき，という趣旨の論文も出ています）．

日本ではヨシやアサザが水質を浄化するとの誤解が広まっていて，各地で植栽が行われています．特にヨシは現在でも，「ヨシ　水質浄化」でネットで検索すると，多くの記事が出てきます．実際はどうでしょう．図4の写真は，島根県の宍道湖で植栽されたヨシ原です．「ヨシ原が再生されると水質浄化機能があるだけでなく，自然も再生して特産の二枚貝ヤマトシジミも増える」とされていました．図の左側が夏の写真，右側が同じ場所の冬の写真です．

ヨシは光合成をするときに窒素やリンを吸収することから，「水質浄化効果」と言っています．しかしヨシが窒素やリンを吸収するのは水中からではなく，根からです．水中の窒素やリンが減るわけではないので，水中にいるアオコなどが減る効果はありません．また窒素やリンよりもやっかいなのが有機物（C）です．ヨシは空気から二酸化炭素（CO_2）を吸収して光合成をしますから，Cの材料は無尽蔵にあります．そして根から吸い上

図4 ヨシを人工的に植栽した場所の夏（左）と冬（右）の様子

げた窒素の300倍ものCを体に貯めます．そのようにCが高濃度に含まれた葉や茎が冬には枯れて湖に流れ出して，右側の写真のようになるわけです．枯れたヨシが腐りかけたものが湖底を覆っています．このような状態でシジミが増えるはずがありません．そもそも水質浄化とは水中の有機物を減らすことという原則に照らし合わせれば，ヨシを植えるだけでは水質浄化になるはずがありません．私はこれまでに宍道湖だけでなく佐鳴湖や手賀沼などでヨシ植栽地の状況を調べてきましたが，その前面は図4の右の写真のようにヨシ起源有機物で覆われ，ヘドロ化していました．水面下で起こっていることは陸上からは見えにくいために，とんでもない状況になっていても気づかれにくいのです．

4　なぜ昔は植物である水草が有機汚濁を起こさなかったのか？

ところでヨシ原は昔から各地にありました．ヨシ以外の水草も，かつてはため池や小川，湖にたくさん生えていました．それらが全て有機汚濁になるのなら，なぜその頃の湖底や川底はヘドロ化しなかったのでしょうか．

それは，ヨシについては，焼いたり刈り取ったりしていたからです．ヨシを焼くと有機物は二酸化炭素になって空中に散逸するので，水の中の有機物を増やしません．また，冬枯れのヨシには稲につく害虫が冬眠しているので，ヨシを焼くことで害虫を駆除する効果もあったそうです．図5は，琵琶湖北湖にあるヨシ原です．

コイが産卵に来ているところは，ヨシ焼きをしたところです．もしヨシが立ち枯れしたまま放置されていたら，このように泳いでいって産卵することはできませんね．ですから「ヨシは動物の産卵場所になる，だからヨ

図5 琵琶湖北湖河口にあるヨシ原の様子．左：ヨシ焼き　右：焼かれたヨシ原に産卵に来たコイ（NHK特集「里山」から）

シを植えると自然が再生する」との主張は間違いです．もし産卵床の創設のためにヨシを植えるのでしたら，植えっ放しではなく，火入れや刈り取りを必ず行わねばならないのです．産卵に集まったコイは，ヨシ原の近くにある集落の人が捕獲して，自家消費したり，集落の魚屋で売られます．私自身も，1970年代までは，三重県の山奥にある父の実家に行けば，このようにしてコイを捕ったり，フナを捕ったりして，自分たちで食べていました．

下流にヨシ原があるこの集落では，豊富な地下水が集落の水路を流れています．その水路にはハリヨやスナヤツメという絶滅が危惧される魚や，バイカモという，これも地方によっては保護の対象になる水草が生えています．その水路で夏に何をしているかが図6の写真です．

稀少なバイカモも含めて，水草を全部刈り取ってしまっているのです．だから有機物がたまらないわけです．子供達も水路の水草刈りに参加しますが，手に持っているのは手網です．水草に隠れていた魚を捕るためです．捕った魚はよくある環境教育のように，「元に戻しましょう」などではなくて，食べています．この集落では身近な水辺から自分たちが食べるものを捕ります．だから洗剤など一切水路には流してこなかったのです．

琵琶湖北湖のこの集落では，どぶさらいや水草の刈り取りなどを続けることで，水域が有機汚濁することなく，稀少生物が現在も人と共生していました．では，人がそのような攪乱を行う以前，どぶさらいなどがない時代は，有機物が貯まるような環境では住めない魚や水草が，なぜ生き延びてこられたのでしょうか．

図6　水路の手入れ．左：住民総出で水草を除去　右：逃げてきた魚を子どもたちが捕まえる（NHK特集「里山」から）

　人がいない環境では洪水が頻繁に起こっていました．だから有機物が貯まったとしても，洪水で流されるのです．そういうところ，泥が貯まりにくい所に，砂を好むような水草や魚が生息するわけです．しかし人が定住するようになると，水田や集落を洪水から守らなければならず，洪水が減り，有機物がたまるようになりました．だから人は水路でどぶさらいをし，ため池では池干しをして，有機物を回収してきたのです．

　では水路やため池といった小さな水域ではなく，大湖沼では水草はどうなっていたのでしょう．1950年代まで，日本の平野部の湖沼では，水草を肥料用に取っていました．集落の近くにある里山では，いろいろなバイオマスを薪にしたり，それから落ち葉を取ってきて堆肥にしたりしていました．それによって遷移を防いでいたことはよく知られるようになりました．実は湖でも人々は同じような生態系操作をしていました．そのような操作により維持されていた水域を，私たちは著書で「里湖」（さとうみ）と名付けました（平塚ほか，2006）．つまり水草を回収することで有機汚濁を防ぎ，湖が腐植で浅くなる遷移を止めていたのです．また丈の高い水草を間引くことで隙間ができて，多様な魚が住めて，酸素も行き渡っていました．1950年代の中海では，現在の流入負荷量の5%の窒素，および11%のリンがアマモという植物の回収によって除去されていたと計算されました．1950年代の負荷量は現在ほどなかったので，入ってくる窒素とリンのほとんどが肥料として農地還元されていたと考えられます．

　ところが朝鮮戦争による特需がきっかけとなり，日本は急速に工業化し，労働人口の農業から工業への移動が起こります．農業人口を減らすために農業の近代化と言われる農薬使用，化学肥料使用，耕地整理が進むように

なりました．そして1950年代後半から1960年初めにかけて，全国の平野部の湖沼で一斉に，水草が消滅しました．人口密集地である手賀沼周辺や，今でも過疎地である島根県の周辺で一斉になくなったということは，富栄養化が原因ではなく，除草剤の一斉使用によると考えられます．実際私どもは，当時水草採取をされていた方々（船を持っていますが農家だったわけです）に聞き取りを行ったところ，「除草剤をまいたら，枯れちゃった」と言われました．しかし当時は化学肥料の使用が推奨されていましたし，水草採取は重労働でしたから，水草の消失は全く問題にはなりませんでした．こうして，かつての日本では肥料として水草を取っていたことは忘れ去られました．

　その後40年以上が経過し，琵琶湖南湖では除草剤の使用量が減っていたところに，一時的に水位が低下したことがきっかけとなって，在来種の水草が復活しました．水草が復活すると，魚にとって隠れ場所になったり産卵床になるので，在来の魚も増えると言われます．しかし琵琶湖南湖ではそうはなりませんでした．水草に隙間なく覆われたために水の鉛直混合が起こらなくなり，水草が増えれば増えるほど，湖底直上の溶存酸素が減ってしまったのです．酸欠になった水で魚は住むことはできません．

　水域の有機汚濁汚染は，植物プランクトンであろうが水草であろうが，どちらも植物として光合成によって有機物を作るので，除去しなければ有機汚濁負荷になります．高度成長期以前は，植物を農業利用目的で除去したり，焼き払うことなどによって，有機汚濁の進行を防いでいました．ただし，それらは水質を浄化しよう，自然を再生しよう，環境を守ろうとして行われていたわけではありません．人々のなりわいの中で行われていたのです．これを現代の生活様式で，持続可能な方法でやっていくということはどうすればいいのでしょうか．昔はそれがなりわいだったから，コストはかかりませんでした．しかし今ではコストをかけねばなりません．琵琶湖南湖では，年間2億円も使って毎年刈り取りをしています．それでも昨年は水草の現存量が，過去最高に達してしまいました．難しい問題ですが，確実に言えることは，自然再生や水質浄化としてヨシやアサザを植えるだけでは，自然再生にも水質浄化にもならないということです．このことは環境省の報告書にも明記されています（環境省 水・大気環境局　水

環境課　2014).

5 有機物の有毒化

　第2節で私は，水環境における「汚濁」には，魚毒性の農薬や重金属のようにそれ自身が毒性を持つ物質による汚濁と，それ自身は無毒だが弊害をもたらすとして有機汚濁を紹介しました．しかし無毒であるはずの有機物が，有毒になる場合があります．

　日本の水道水は水道法第22条に基づく水道法施工規則によって給水栓，つまり浄水場ではなくて，家庭の蛇口から出る水が遊離残留塩素で0.1 mg/L以上，結合残留塩素で0.4 mg/L以上を保持するように塩素消毒をすることとされています．水道水源の水に有機物が多いと，塩素処理される際に有機塩素化合物が発生します．有機塩素化合物のうち毒性が確認されている物質，例えば総トリハロメタンは，水道水中に0.1 mg/L以下であることと定められています．

　浄水場で検査した時点では有機塩素化合物を規制未満になるようにした水でも，依然として有機物濃度が高いままで家庭の蛇口でも残るような濃度の塩素を加えて水道管に流すと，家庭の蛇口に達するまでに添加された塩素に反応して有機塩素化合物ができてしまいます．では，そのような水道水を飲まなければ安心でしょうか．

　私が8年前まで勤めていた（独）産業技術総合研究所の化学物質リスク管理研究センターでは，2002年の11月から12月まで，室内・屋外・個人の揮発性有機化合物（以下VOC）の曝露濃度調査を，ボランティアを募って行いました．VOCの中にはホルマリン，シンナーやトリクロロエタンやベンゼンなど，過剰に吸い込むと頭痛や吐き気，疲労感を引き起こすものがあります．過敏に反応する人も見られ，化学物質過敏症の原因になると考えられています．

　この調査では部屋や個人にVOCを吸着するバッジを付けて，どれぐらい曝露しているかを調べました．この調査に私もボランティアとして参加して，いただいた我が家の調査結果が図7です．この図で「屋外」とある外気が一番低くなるはずですが，我が家では寝室の方が屋外よりも低いことがありました．我が家は高気密高断熱の床暖房住宅で，本当は換気を

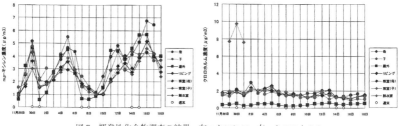

図7 揮発性化合物調査の結果. 左：キシレン 右：クロロホルム

しないといけないのですが，意図的に換気をしていません．隣家でタバコを吸われるなどしたら，外気の方が汚染されるからです．その代わり，建材は全て無垢材とし，ワックスなどもかけませんでした．それが原因と確定しているわけではありませんが，ともかく左側のキシレン（建材や家具の接着剤などに使用）は，発生源が全然ないわけではないのですが，屋内で何かが少しずつ吸っていて，それから少しずつ外気と交換しているように見えます．

ただし，我が家でも防げなかったものがあります．それがクロロホルムです．三つだけある脱衣室とある点は実は浴室で，多分高濃度に出るだろうと思って特別に測ってもらったものです．先ほど説明したように，有機物濃度が高い水に残留塩素が残るように流している水道管中では，有機塩素化合物が発生します．クロロホルムの化学式は$CHCl_3$です．分子量が小さく，揮発性の有機化合物です．お風呂では水道水を40℃前後に加熱しますから，確実に揮発して浴室にこもるのです．VOCはクロロホルムを含むトリハロメタン類だけでなく，猛毒のホルマリンも発生し得ます．たとえ微量であっても，毎日30分くらい何十年もそれらを一定濃度吸い込んでいたらどのような健康被害がでるか，実験で証明できるものではありません．これは自主防衛しかないだろうと，2002年当時は幼児だった娘には，「お風呂に入るときには窓を開けようね」と言い聞かせ，中学になったら「窓開けなくていいけど，換気扇はつけようね」と指導してきました．また浴室の扉は必ず閉めて，他の部屋に浴室からの空気がこないように気をつけて暮らしています．

その後，2007年に「飲料性の殺菌により，意図的・非意図的に発生する物質とその遺伝毒性と発がん性に関するレビューと研究の展望」という

レビュー論文が出ました（Richardson et al., 2007 pp. 178-242）．塩素消毒された水でシャワー・入浴をしたヒトの群は膀胱ガンのリスクが2倍増加したことが示され，気相曝露（吸引することによる曝露）など，曝露経路を考慮した研究の重要性が指摘されました．

これを受けて2010年に日本の水道協会雑誌で，総トリハロメタンの空気中濃度は浴室が最も大きいと報告されました（柳橋ほか，2010）．居間での空気中濃度は低く，我が家と同じ結果でした．しかし，居間というものは下手すると1日いますから，濃度が薄くても，曝露量としては浴室に近いものになるとされています．この論文ではさらに，プールで水泳した場合にはクロロホルム気相曝露量はさらに高くなるので，この調査地以上に富栄養化した水を水道水源にしているときには，かなり注意が必要と指摘しています．実際，東京都健康安全研究センターの報告では，循環ろ過式の遊泳用プールで水道水質基準を超えた消毒副生成物が検出されたと報告しています（冨士ほか，2010）．

6 空から降ってくる窒素・リン

このように水道原水に使用されている湖沼では，有機物濃度を下げねばなりません．塩素消毒によって有機塩素化合物ができてしまうからです．ただし平野の湖沼の有機物濃度は陸上からいろいろなものを流してくるため，人間が住んでいない頃からかなり高いのです．農耕が行われた四大文明が大河川の下流で発生したのは，集水域からの栄養が集積するからです．また逆に「水清ければ魚住まず」で，渓流域の水は有機物が少なく，魚や貝などが大量に取れる場所ではありません．平野部の湖沼はそのような観点からは，有機物が多いからこそそれを食べる動物もたくさんいて，恵み豊かな水域だったわけです．地下水は比較的有機物濃度が低いのですが，大量に使用すると地盤沈下などの問題が起きるということは，第2回の講義で徳永先生が解説されたと思います．

「では山岳部にダムを造成すれば」という話になるわけで，実際，利根川・荒川については図8にあるように，9割がダムで貯められた水です．ただし山に造成されるダムですから富栄養化していないかと言えばそうでもなく，「ダム　アオコ　画像」でネット検索すると，嫌になるほど画像

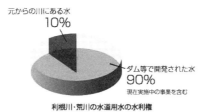

図8 利根川・荒川の水（関東地方整備局のホームページ http://www.ktr.mlit.go.jp/river/shihon/river_shihon00000078.html より）

が出てきます．つまり，ダムは山に造っているからといって，富栄養化しないわけではないのです．例えば浦山ダムという秩父の山奥にあるダムは集水域が森林で，窒素やリンを流出しがちな水田や集落ではありません．それなのに竣工から10年後にはアオコに覆われました．一体どこから栄養分が流れてきてアオコを発生させたのでしょうか．

首都圏には多くの工場があります．また車も走っています．工場や車を動かすためにガソリンや石炭などを燃焼させると，空気中の窒素が酸化して窒素酸化物が発生します．窒素酸化物が降水に取り込まれると，主に硝酸となって地表に降り注ぎます．硝酸は植物にとって重要な窒素肥料分です．浦山ダムが造られたところは，ちょうど首都圏で発生した窒素酸化物が降水として供給されやすいところにあったのです．

空から降ってくる硝酸の影響は，日本海側ではさらに深刻です．国内だけでなく，東アジアから越境してくる大気の影響も受けるからです．窒素酸化物の発生量は日本では1980年代以降減少しているのですが，他のアジア諸国，特に中国の発生量は年々増えています（図9）．そして，海外で発生した窒素酸化物が，特に冬季に日本海側の地方で降水中硝酸となって降り注いでいるのです．島根県の降水を調べたところ，窒素だけでなくリンも増えていました．その原因は2000年以降に中国で石炭の燃焼がさらに増え始めたためとされていて，中央アルプスの渓流水でも，越境大気起源のリン濃度が増えていると報告されています（Tsukuda et al., 2006）．

このように，ダム，湖，河川など，地表に貯まる・流れる水については，自国の努力だけでは富栄養化を防げない状況が，今後さらに進む可能性があります．

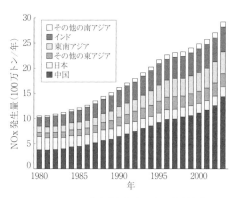

図9 アジアにおける窒素酸化物（NOx）の発生量（http://www.nies.go.jp/kanko/kankyogi/33/10-11.html）

7 人工化学物質の塩素処理

　ここまで，それ自身は有毒ではない生物起源の有機物が，塩素消毒によって有害化することを説明しました．ところで人工化学物質にも，それ自身は有害ではない有機化合物がたくさんあります．そのような有機化合物が塩素処理されたらどうなるでしょうか．2012年5月，利根川上流に位置する工場から化学物質ヘキサメチレンテトラミンが流出し，浄水場で塩素と反応して基準を上回るホルマリンが発生，千葉県5市で90万人が2日間にわたって断水や減水の影響を受けました．ヘキサメチレンテトラミンは医薬品の原料などにも使われる，それほど人体に悪いものではありません．そういうものが塩素処理されると猛毒のホルマリンになるのです．河川水の中には様々な人工化学物質が流れています．それら自身は，環境中に流れても毒性は無いことが確認されているかもしれません．しかし，それらが塩素消毒されて発生する物質まで，毒性検査されているわけではありません．さらには，その物質が環境中で加水分解や生分解，光分解されてできた物質は製品ではありませんから，毒性は調べられていません．いわんやそのような分解途上の物質が塩素と反応してどのような物質になるのか，ほとんど把握されていません．もしかしたら，とんでもない毒性を持つ物質になるかもしれないのです．

　塩素処理でどのような物質ができてしまうのか把握するのが難しいので

あれば，塩素処理によって病原菌を死滅させねばならない飲用水がいった
いどれくらい必要なのか，それを塩素処理しないで確保することはできな
いか，検討する価値があると思います．実際，ヨーロッパやロシアなどで
は，水道水を飲む人もいるとは思いますが，飲用水はボトルドウォーター
です．このボトルドウォーターも日本の場合は，残留塩素が必要ない代わ
りに，「過熱殺菌またはそれと同等以上の効果を持つ方法で殺菌処理する
こと」ということになっています．これに対してヨーロッパでは，塩素処
理は言わずもがな，加熱処理もしてはなりません．ではどうやって病原菌
からの汚染を防ぐかというと，水源自体が汚染されないように監視する，
土地利用を規制するということをしているわけです．水道水に関する感覚
はいろいろあると思いますので，一つの問題提起として聞いていただけれ
ばと思います．

8 飲用水はどれくらい必要か？

　国土交通省のホームページにある「全国の水使用量の推移」(http://
www.mlit.go.jp/tochimizushigen/mizsei/c_actual/images/03-01.gif) によります
と，水使用量の大部分が農業用水で，生活用水は全体の2割未満です．
その生活用水の中でどれぐらい飲用や料理に使われるのかを東京都水道局
の調査で見ると（図10），ほとんど風呂とトイレです．トイレに流す水を
塩素処理する必要があるとは思えませんし，第5節で説明したように，
風呂に使う水に有機塩素化合物が含まれているのは，望ましいこととは言
えません．直接飲用する水も「炊事」に入っているとしたら，塩素処理が
必要なのは生活用水の中の2割未満です．そうすると，全体の水の中の
生活用水が2割未満で，さらにその中の2割未満ですから，消毒が必要
な水は全使用量の4%前後になるのかと思います．そうであれば日本で
もヨーロッパのように，飲用水は清浄な地下水をボトルドウォーターにし
て使用し，塩素処理をしないという選択肢もあるように思います．飲用水
のみを地下水に頼るのであれば，首都圏のように地下水の使用が制限され
ているところでも，他の地下水が豊富なところから供給することは可能で
すし，現に今でも飲料メーカーは鳥取や熊本などで汲み上げた水を製品と
して首都圏に供給しているわけです．

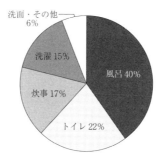

図10 東京都水道局 平成24年度一般家庭水使用目的別実態調査
(https://www.waterworks.metro.tokyo.jp/kurashi/shiyou/jouzu.html)

9 水から考えるレジリエント・ジャパン

　とは言え私は，これからの日本は水資源の維持や水環境の持続的な利用のためにも，首都圏一極集中では無く，人口を分散させる方がよいと考えています．

　江戸時代はよくいわれていますように，鎖国によってほぼ自給で3,000万人が暮らしていました．関ヶ原の合戦時には約1200万人だった人口が，各藩での新田開発が進むことで江戸中期には3000万人に達し，以後，明治維新まで3000万人のまま推移します．自然エネルギーのポテンシャルを最大限に引き出した生活様式に達していたからこそ，3000万人のまま増えることができなかったと考えられます．この江戸時代の生活様式は完全に近いリサイクル社会として注目されていますが，私は人口の集中という点から検討してみました．

　図11は鬼頭（2000）に掲載されている数値から作成しました．関ヶ原の合戦時，人口が最大だった地域は畿内で228万人．最小は北海道を除くと西奥羽の34万人で，最大÷最小は6.7です．これが享保の改革の頃になると，最大394万人，最小105万人で，最大÷最小は3.8と半分ぐらいに減ってきます．明治維新の時，つまり江戸時代の最後頃には，最大÷最小は3.0．1票の格差が3倍以内といわれている，まさにその通りの状態でした．平成の現在はとんでもないことになっていて，最大÷最小は23.4です．

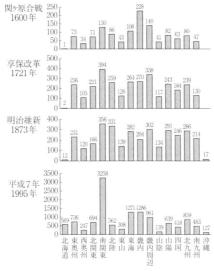

図11 日本における人口分布の推移（鬼頭宏著「人口から読む日本の歴史」のデータから作図）

　これを見て私はこう思いました．江戸時代を通じてそれぞれの風土で賄えるポテンシャルに近い人口まで増えた結果，均等な人口配分に近づいたのだろうと．江戸時代にはそれぞれ藩があり，大名が藩を仕切っていました．自分たちの領地で安定して最大の収量を得ないと，藩はやっていけないわけです．だから本当に真剣に，自分たちの風土で持続可能な範囲でなるべく石高を増やす試みを繰り返した結果，こうなったのだと思います．だとすると，もし将来の日本で食料を輸入できない事態になったとき，たとえ日本の人口が現在の1億ではなく3000万人であったとしても，今のように一極集中していたら，食料は大幅に不足することになるでしょう．逆に人口が江戸時代後期のように均等に分散していたら，それぞれの地域で飲用水になる地下水源を確保し，汚染しないように守っていくことも可能になると考えられます．

　飲用水は地下水に頼るとして，生物の生息場所でもある表流水（湖や川など）はどうでしょうか．第7節で検討したように，表流水には分解物を含めると，毒性が全く分からない多種多様な人工化学物質が入ってきます．これに対して，公共用水域でモニタリングされている直接毒になる物質（健康項目と呼ばれています）は27物質に過ぎません．そもそも事業所の排

水に対して，全ての化学物質について個別に規制値を決めることができたとしても，それらが複合したときの毒性値は，組み合わせが無数に存在することから，求めることが不可能です．そこで環境省では，生物応答を利用した排水管理手法を検討しています．排水の中に特定の物質がどれぐらい含まれるかで管理するのではなく，実際にその水が生物に影響を及ぼすかどうかで評価して，何があるか分からないけれども影響があった場合には「砂ろ過しましょう」「中和しましょう」など，その除去・削減の法則を提案・実行して，もう1回測って生物に影響がなかったら流してもいいと，このような管理にする方法です．全ての生物で影響を検討するわけにはいかないので，ゼブラフィッシュやミカヅキモ，オオミジンコなど，試験生物としての実績がある生物を使うことが考えられています．

　振り返って考えてみると，1950年代までの日本は第4節で紹介した琵琶湖北部の集落のように，生活排水が流れる川にも魚が住んでいて，子どもたちが捕ってきた魚やエビなどがおかずになっていました．だから人々は害になりそうなものを流さなかったし，また生活の中で水の中の生き物をいつも見ていたわけです．生物応答を利用した排水管理手法は，1950年代まで私たちが暮らしの中で当たり前に行ってきたことが復活したように感じられます．生き物の反応を見ながら暮らす生活が，この国で再び当たり前になること．また同時に，このまま世界の人口が増えていけば水不足，食料不足は避けることはできず，日本にも全く影響がないはずはない．そんな状況で，国内のそれぞれの地域で，それぞれの資源を使って生きていくとすれば，それぞれの川，それぞれの湖で，それぞれの海で捕れた魚介類は重要なタンパク源になります．その頃には，かつては採草という人々のなりわいが水域の汚濁を防止していたように，日本人は生き物と共生する新たな社会システムを造っていくのだろうと思います．

10　水資源環境技術研究所

　2014年に水循環基本法が制定されました．その目的は「水循環に関する施策を総合的かつ一体的に推進し，もって健全な水循環を維持し，又は回復させ，我が国の経済社会の健全な発展及び国民生活の安定向上に寄与すること」とされています．それまで各省庁でいろいろやっていたこと

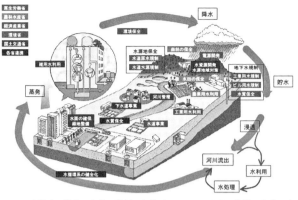

図12 水行政に関する各省の役割.各省がそれぞれの立場で施策・事業を実施している（www.mlit.go.jp/common/001020287.pdf）

図13 水資源環境技術研究所案

（図12）を，水循環基本法で統合して管理していきましょう，ということです．

　私は図12をベースに，図13のような研究所が必要ではないかと思っています．現状ではそれぞれの省庁が研究所を持っています．例えば私の前職である産業技術総合研究所は経済産業省の研究所であり，土木研究所は国交省の研究所で，それぞれの研究所の中に水に関わる部署が分かれて

います．この機会に水をキーワードに，省庁横断的な水に関わる総合研究所を作って，その中で危機管理，教育情報基盤，資源循環，処理技術などを統合してやっていく．今日私が話した内容だけでも，土地利用の話，それから消毒による話や生物による話など，いろいろなことが水問題に関わっていました．水とはそういうものだと思うのです．

　水循環基本計画ができて総合的に何とかしようと動き始めた今こそ，このような水資源環境技術研究所をつくって，様々な部門の方が一つの研究所で一堂に会してディスカッションして，対策を立案する場が必要ではないでしょうか．そこに省庁の事務担当者の方も来ていただいて，一緒に政策を考えられるような研究所になればと考えています．

Q&A　　講義後の質疑応答

Q　富栄養化の一方で，瀬戸内海などは「貧栄養化」ということが言われています．今後，窒素やリン，あるいは有機物を逆に供給するような仕組みが必要になるのでしょうか．

A　「貧栄養化」と日本で言われている現象については，注意が必要と考えています．例えば手賀沼はかつて湖沼水質ではCODでワーストワンを続けていました．その頃はアオコが常時発生していました．ところが北千葉導水によって利根川下流の水を入れるようになると，アオコが発生しなくなりCODも下がったのです．

　これは窒素やリンといった栄養塩だけで考えると，不思議な現象です．というのは，利根川下流の水質は窒素やリンの濃度がとても低いわけではなく，手賀沼より若干低い程度です．ですから導水によってこれまで以上に流入量が増えることで，負荷量に換算すれば，窒素やリンの負荷量は導水前よりも増えているのです．

　かつて手賀沼と逆の現象が発生したことがありました．長良川河口堰を閉じたことで，アオコが発生するようになったのです．長良川が流れている間は，アオコが発生することはありませんでした．しかし閉じたことで，

流れている川の窒素やリンの濃度は変わらないのに，アオコが発生したのです．

つまりラン藻類は，川の中では窒素やリンがかなり高濃度にあってもアオコになるほど増殖しないのです．しかし流れが止まると，同じ栄養塩濃度でも増殖して，有機汚濁負荷となります．

ですので「貧栄養化」が問題になっている水域では，有機物量が減っていることを貧栄養化と言っているのか，栄養塩が減っていることを貧栄養化と言っているのか，確認する必要があります．前者であれば，その原因は手賀沼のように，栄養塩が減らなくても有機物生産が減り，これにより瀬戸内海のように漁獲量が減ることもあるのです．実際，手賀沼では導水事業によってCODが減少するのと並行して，漁獲量も減りました．この場合，対策として栄養塩を増やしても意味がありません．実際，導水によって栄養塩負荷量は増えているからです．

Q　貧酸素化という言葉はかなり昔からあって，東京湾などは，仮に現在の負荷量をゼロにしても，貧酸素はなくならないだろうと聞いたことがあります．また環境省の方で，CODではなく酸素を基準にする動きがあるようです．そういった中でどこを目指していくべきなのか，目標をどう作るのか，考えがあれば聞かせてください．

A　沿岸域で酸素がゼロということは余程のことだと思うので，海域については海底での酸素を指標にするのは意味があると思います．これに対して湖では，例えば諏訪湖では1930年代でも，夏季の湖心の湖底では貧酸素化していました．水温成層によって鉛直混合が阻害されるからです．湖は形状（面積や深さ）によって自然状態でも貧酸素化のしやすさが全く異なるので，一概に酸素を指標にするのは無理があると考えています．個人的には，それぞれの湖沼で，高度経済成長期前の湖沼の状態をできる限り復元して，その頃の状況を目標にすればよいのではないかと思います．例えば霞ヶ浦だったら二枚貝がたくさんいて，二枚貝に産卵するタナゴ類も多種多様だった頃の状況などです．

Q　島根県での越境大気汚染の話がありましたが，それに対する対策は何かやら

れているのか，考えられる対策があるのかを教えてください．

A　自治体でできるのは管轄する集水域で減らすことしかなく，外国起源で空から降ってくる栄養塩を減らす対策を自治体が行うことは不可能です．富栄養化が問題になっている湖沼では湖沼法という法律に基づいて5年ごとに対策を検討しています．島根県の湖沼を対象にした検討見直しでは，近年になってようやく，越境大気負荷の影響が見られると記載するようになりました．国際的な問題にもなりますから，それまでは現状さえ書きにくい状況があったのです．

　島根県の場合，直接降ってくる栄養塩を減らす対策ではないのですが，その影響を軽減する対策を取ることは可能かもしれないと思っています．島根県の下流部にある宍道湖は，汽水（海水と淡水の中間）の湖沼です．今はかなり淡水に近いのですが，その塩分をもう少し増やせば，海産である渦鞭毛藻も，淡水産であるラン藻も生えない状況にすることができます．またそれぐらいの塩分が，汽水性二枚貝であるヤマトシジミ（おみそ汁に入れる，あの貝です）にとっても好適なのです．先ほど貧栄養化のご質問がありましたが，栄養塩が増えることで植物プランクトンが増えれば，シジミにとっては餌が増えることにつながり，漁獲の増産に結びつけることができます．そこで現在，宍道湖をどのような塩分に保てば水質をよくすることができるのか，研究を進めているところです．

Q　江戸時代のお話があったと思うのですが，私もよく時代物の小説などを読むのですが，やはり糞尿も処理して流さないで，田んぼに使ったり，肥料に使ったりというリサイクルは素晴らしいと思うのです．そういう意味では，農薬によって，水のバランスが悪くなってきているのではないかと思います．もし水田用の除草剤を使わなかったとしたら水草が生えて，その水草を刈ってまた肥料にするようなサイクルは，今から取り戻せるのでしょうか．

A　今の日本の人件費で考えると，肥料使用目的では採算性の点で厳しいものがあります．ただし将来，深刻な食料危機に直面したときには，除草剤を使わずに人が1本1本抜くといった，労働集約的に水草を取ることもあり得ると思います．またトキやコウノトリの復帰には無農薬・減農薬は不可欠ですが，そのために発生するコストをブランド米の形で回収する

試みが行われています．そういった付加価値を付ける方法で，農薬を使わない農業を進める余地はあると思います．またテクノロジーにはいろいろ可能性があると思います．日本では江戸の人糞が肥料として農村に売られていたときに，パリなどのヨーロッパの都市では人糞を窓から道路に捨てていたそうです．人糞を肥料に使う農法も，ある意味テクノロジーだと思います．私が現在までに知っているテクノロジーでは難しいかもしれないのですが，もしかしたら，今までとは全く違ったテクノロジーによって，水草を有効利用するサイクルが新たにできるかもしれません．

参考文献

環境省水・大気環境局水環境課（2014）「自然浄化対策について」
（https://www.env.go.jp/water/kosyou/shizentaisaku/main.pdf）

鬼頭宏（2000）「人口から読む日本の歴史」講談社

平塚純一・山室真澄・石飛　裕（2006）「里湖モク採り物語　50年前の水面下の世界」生物研究社

冨士栄聡子，小西浩之，五十嵐剛，保坂三継，中江大（2010）遊泳用プール水中の消毒副生成物等に関する調査結果（第1報）．東京都健康安全研究センター研究年報，第61号，325–332.

柳橋泰生・権　大維・武藤輝生・伊藤禎彦・神野透人・越後信哉・大河内由美子（2010）気相曝露量の実態調査に基づいた水道水中トリハロメタンの曝露量と飲用寄与率の評価．水道協会雑誌，79巻3号，3–15.

Tsukuda, S., Sugiyama, M., Harita, Y., Nishimura, K.（2006）Atmospheric phosphorus deposition in Ashiu, Central Japan—Source apportionment for the estimation of true input to a terrestrial ecosystem. Biogeochemistry, 77, 117–138.

Richardson, S. D., Plewa, M. J., Wagner, E. D., Schoeny, R., DeMarini, D. M.（2007）Occurrence, genotoxicity, and carcinogenicity of regulated and emerging disinfection by-products in drinking water: A review and roadmap for research. Mutation Research, 636, 178–242.

第6講
水と衛生,水のリスク

片山浩之
東京大学大学院工学系研究科准教授

片山浩之（かたやま　ひろゆき）
1993年3月 東京大学工学部都市工学科環境・衛生工学コース卒業．93年 東京大学大学院工学系研究科都市工学専攻博士課程修了．98年 東京大学大学院工学系研究科助手．2002年8月 東京大学大学院新領域創成科学研究科講師．2004年 東京大学大学院工学系研究科講師．2007年 東京大学大学院工学系研究科准教授．

はじめに

　水中の病原微生物の研究分野の成り立ちを説明しようと思います．この分野に関わる人たちとして，微生物学の分野からの参加があります．もっと言うと，例えば病原微生物が体の中でどのように働くかという研究や，遺伝子の発現機構などを研究されている方ももちろんいらっしゃるのですが，感染抑制のためには，やはり体の外に出た後，どのような感染経路を経るのか，環境中ではどのようにすれば感染を抑えられるのかということ，すなわち水中の病原微生物にも興味を持っている方々です．

　もう一つ，公衆衛生という分野がありますが，これは国際機関で言えばWHO（世界保健機関）など，この水と衛生に関心を持っています．世界の人々の健康に携わる仕事をされている方の中で，水と衛生，特にその中でも水中の病原微生物の重要性は，非常に大きなことと認識されています．例えば水中の病原微生物を抑えることで，他のどんなことよりも途上国の人々の健康を向上させることができるということも言っています．この分野の方たちは疫学など，どの病気で何人亡くなっているかなどの統計の観点から，水中の病原微生物の重要性にアプローチしています．

　環境工学あるいは衛生工学など，水処理分野の研究者もこの水中病原微生物を見ていて，水処理や水質調査ということを関心事として持っているわけです．水処理法の評価として，病原微生物がきちんとなくなっている，あるいは病原微生物の観点から，安全な水であると評価することも重要になってきます．その意味では水質評価をする，あるいは水を作る，水を処理するという立場からも，この病原微生物の観点は重要になってきていると言えます．

　この水中の病原微生物の問題は，実はそれぞれ三つの分野で，いろいろな周辺の研究領域とともに進展していくわけです．一歩一歩前には進んでいるのですが，問題解決に進んでいるかというと，次から次へと新しい問題が出てきて，それを今日お話ししますが，ますます重要性が増しています．例えば多摩川の水がきれいになったなどの形で環境が良くなったと言われることに比べると，東京湾の水中の病原微生物問題はまだまだ残っていて，研究分野としてもホットになっている状況という気もしております．

写真1 江戸の給水方式

ということで，今日は水中の病原微生物の問題を，皆さんと一緒に勉強していければと思います．

1 19世紀の給水について

(1) 江戸とロンドン

少しさかのぼりすぎかもしれませんが，江戸の話とロンドンの話をしていこうと思います．江戸の給水方式は，元々は小石川上水などもあったのですが，多摩川の羽村堰から引っ張ってきています．東京の方は羽村堰がここからいかにアクセスの悪いところにあるかをご存じかもしれませんが，かなりの長距離を延々と水を引っ張って来て，四谷の方まで来てから地下に潜らせる形で，自然流下方式できれいな水を運びました．自然流下方式で水を運ぶということはローマ時代から行われています．

江戸時代の江戸のまちで，どのような水供給を都市の中でしていたか．木樋と呼ばれるこのような木で作った（写真1），中をくりぬいた管のようなものを使って水を流すことをやっていました（写真1a）．これは地下構造物です．さらには上水枡というものがあります（写真1b）．実はこの上水枡という箱の中に四角い穴が二つあって，それが少しずれています．ず

れているのはなぜか，分かりますか．これは，木樋がここに突き刺さるの
です．別の方にも木樋が突き刺さります．水がこちらから入って来て，も
う一方から出て行くということです．だから，上水升は中継して分配する
機能があって，このような上水枡があって，水が木樋を伝って少しずつ入
って来て，水位が上がってくるとこちらからまた少しずつ出て行く形で，
上水井戸（写真 1c）まで，江戸の町中に水が配られていたということにな
ります．

これはなかなかエコなシステムで，エネルギーを使わずに自然流下で町
中に水を行き渡らせる意味では，非常に進んだシステムですが，欠点が幾
つかあります．一つは火事に弱いです．ここで水を井戸からつるべで汲む
ので，ここにある水で済めばまだいいのですが，ここの水を使ってしまっ
たら最後，木樋から少しずつ流れてくる水しかないので，火を消すために
は量的になかなか難しく，1 箇所に水が集まらないのです．今の水道であ
ればどこかで水を引っ張って火を消そうとしたら，町中の水がそちらに向
かって圧力差で流れて行くという仕組みになりますが，ここではそういう
ことができないということになります．

もう一つは，木樋で流しているので汚れが入って来るかもしれません．
今は管路の中を水密で，あるいは管内の圧力が高くて外の圧力が低い状態
で流れていますので，中の水が外に漏れて水がもったいないなどの議論は
ありますが，水道の管路の中の水が汚れることはない状況です．そういう
ことに比べれば，江戸時代のこの状態というものは，外からの汚染に対し
て比較的ぜい弱だという欠点もあるということになります．元々の水が処
理されていないなど，さらにいろいろありますが，今に比べればこの二つ
が基本的には大きな欠点になるかと思います．

(2) コレラと水

19 世紀の都市問題としてはコレラが重要でした．当時，コレラで日本
が苦しんだといういろいろな記録があるのですが，例えば本因坊秀策とい
う，江戸時代の非常に囲碁の強い棋士は，1842 年にコレラで亡くなって
います．当時，江戸で生活に苦労せずに暮らしている人がコレラで亡くな
っているということですから，それなりに感染症として広がっていること

が分かるわけです.

　世界に目を向けると, 19世紀は, 都市が発展する中にコレラが入って
くるという状況です. コレラはインドの風土病だったが, 貿易の広がりの
中で世界中に広がっていきます. ヨーロッパ大陸の方でも当然はやってい
るのですが, イギリスは島国ですので, 水際作戦をとろうなど, いろいろ
な対策がとられました.

　『コレラの世界史』(晶文社, 1994年) という本があります. この本は文
系の方が書かれている本で, ロンドンの都市生活史のようなものを専門と
していらっしゃる方がコレラをテーマにして本を書かれているのですが,
この中で, いろいろなことが書かれています. 19世紀の前半当時などは,
コレラが病原微生物であるなど知らないわけです. なぜ, この人が病気に
なるのかは全く分かりません. 一番人気の仮説は, 神様の信じ方が足りな
い, 信心深さが足りないという仮説で, あの人は信心深くなかったからだ
めなのだと, それぐらいの世界です.

　もちろん医者もいるのですが, 治療法もいろいろでした. アヘンは痛み
止めで, 作用としては善も悪もなくて済むかもしれないですが, 水銀を飲
ませるという治療もあったとあります. あとは, 逆さ吊りもあったと言い
ます. 足を天井から吊ります. これは何をやっていたかというと, おしり
の位置をおなかより上に上げて下痢を止めることをやっていました. およ
そ非科学的なことをいろいろやっているわけです.

　瀉血もあります. 瀉血は何をしているかというと, コレラで亡くなる人
は, 基本的には皮膚が黒くなって脱水症状で亡くなるのです. コレラの疫
学統計というものは, 極めて正確です. 他の病気に関して言うと, 何の病
気で亡くなったか分からないことは当然多いですし, 勝手に推定値などを
やるのですが, コレラの場合は, はやっているときに, そのコレラ特有の
症状で亡くなっていきます. 前日までぴんぴんしていた人が, あっという
間に体調が悪くなって, 顔が黒くなるなど, 全部外から見えるので, コレ
ラで亡くなる人数は, 簡単に数えられる. 顔が黒くなる理由は, 水分がな
くなって血液が固まっていく, 特に死体解剖をすると, 血栓ができている
のです. そこで医者が何を考えたかというと, この血栓が悪いのだから,
切って血を出させてやれば, このコレラは治るのではないかということで,

瀉血などの治療もやられていました.

　当時，何も分かっていなかったことがよく分かりますが，そこにジョン・スノウという疫学の父と呼ばれる方が来て，コレラの原因追究をやっていきます．教会の記録を見て，どこで何人亡くなっているなどを調べます．また，現在のように市区町村が住民票を持っていれば，この地域に何人いるかが分かるのですが，それが分からないので教会に行って，何年何月，誰々が生まれる，洗礼を受ける，誰々が亡くなったなどの膨大な記録を全部見ていって，この地域に何人いるということを割り出さないといけなかった時期です．

　彼は酒が嫌いだったらしいのです．当時，イギリスでは紅茶がすでにはやっているのですが，紅茶は沸かしているから当然，コレラにかかりにくいということになります．ウイスキーを飲む人は比較的コレラにかかるのですが，ウイスキーを飲むと生水も飲みやすいので，その意味ではアルコールも候補要因だったのです．しかし，ビールを飲む人は全くコレラにかからなかったというようなこともあって，酒が原因ではないと分かっていくわけです．そんな紆余曲折もありつつ，ジョン・スノウは，水が原因だと突き止めていくわけです．

　当時の仮説といいますか，病気の原因についてはいろいろ激しい論争をしている時代です．病気の原因が分からないと言いましたが，二つの大きな説がありました．ミアズマ説とコンタギオン説があります．ミアズマというものは瘴気——「瘴気が立ち上る」などの，今から悪いことが起こるという雰囲気のことなのですが——このような雰囲気が悪いのが原因だと唱えている人がいます．

　ミアズマ説を支持しているのはどのような人かというと，ペッテンコーファーさんはドイツの医師で，森鷗外の師匠になります．森鷗外は陸軍軍医ですが，ドイツに留学に行っていて，ペッテンコーファーさんに師事します．皮肉なことに，ペッテンコーファーさんはこの病原微生物説に反対していたのですが，森鷗外は実はこのあと病原微生物説に傾倒していくわけです．あとで言うロベルト・コッホの病原菌の発見などの，いろいろな医学の進展に触発されて，病原微生物万能説といいますか，病原微生物さえ抑えれば病気は治るという考えの方に，森鷗外さんはどんどん行くわけ

なのです．その師匠であったペッテンコーファーさんは逆で，コレラ菌などわけの分からないもので人が病気になったりするわけないだろうと言って，コッホが持っていたコレラ菌入りの水を，学会会場でごくりと飲むということをやっているのです．当然病気になって，そのあと生き延びているのですが，評価は分かれますが，それぐらい激しく言い争いをして，命をかけて学説を守ろうとした方です．

ウィルヒョウさんは同じくドイツの医師で，細胞からしか細胞は生まれないという細胞説を唱えていて，その延長で，他の細胞である微生物なんてものは関係ないと主張します．

もう一人のチャドウィックさんは，少し別ルートです．彼はイギリス人で，衛生委員として，ロンドンの健康問題に関与する立場なのですが，彼は貧困を撲滅しようと考えているわけです．実は，19世紀のロンドンはマルクス，エンゲルスがいて，共産主義的な思想を形成していくという時代背景もあります．つまり，労働者が町に集まって来て，社会的な受け皿が全くない状態で貧困にさらされた労働者が，悲惨な生活を余儀なくされている状況です．都市というものは，地方から移住の社会増は当然ありますが，自然増はほとんどないのが，当時の都市の状況だったわけです．その中で，町の中で悲惨な生活をしている人たちを助けようという思想はいろいろな人たちが持っていたのですが，チャドウィックさんも，そういう立場で救貧法を作って社会福祉をイギリスで始めた，つまり世界で初めて始めた人でもあるわけです．彼は下水を優先しなさいと主張します．なるほど，いいなぁと思うのですが，彼の下水を優先しなさいという内容はすごくて，水を使って町中の汚れをテムズ川に流してしまえ，という発想です．

下水処理をしてきれいな水を流そうという現代の下水処理の思想ではなくて，彼はもう町が汚い，それが病気の原因だから，もう全部の汚れをすべて町からテムズ川に流してしまえというのですが，「ちょっと待て」というのが，こちらのコンタギオン説の方々です．そんなことをすると，原因になる物質がテムズ川に入って来て，それを飲む人が病気になるだろう．だから，そういう町の汚れをテムズ川に放り込んではだめだと考えているわけです．ですから，非常に激しく対立するところもあるのですが，どち

らかと言うと，こちら側のコンタギオン説は水道をきれいにするべきだという議論になるわけだし，ミアズマ説は下水，廃棄物を先にやるべきだという議論になるわけです．その両方ともが激しく自説を主張しているというのが，19世紀の状況だったということになります．

　観光名所という意味では，フランスのパリに有名な大きな下水道があります．『レ・ミゼラブル』という映画やミュージカルでもやっていますが，下水道の中で倒れたけが人をかついで歩くシーンがあります．あのように中を人が歩ける状況にあるフランスの下水道は，実はこの両説が激しく対立していて，町の中をどのように整備していくかという中で，水道が重要か下水が重要かで，両派が入り乱れて主張している時代背景の中で造られたものです．日本の場合は，実は水道の方が重要だと分かってから近代化したので，あのような大きい下水道は造られなかったのです．

　一方のコンタギオン説は，ジョン・スノウさんが水が原因だ，飲み水の中に入っているものが原因だと主張するし，ルイ・パスツールとロベルト・コッホは，細菌説を唱えます．病原微生物が原因で病気を引き起こすというわけです．1884年にコレラ菌の単離に成功し，将来の人間から見ればこれで論争終了となりですが，当時はそれほど簡単に収まることなく，日本の近代化の時期に近いところでこのような上水道，下水道，あるいは病気の原因に関する論争が起こっていました．

　『感染地図』（河出書房新社，2007年）という本があります．図1は，当時のロンドンの地図を描いた絵です．これはジョン・スノウがやった仕事ですが，ロンドンのソーホー地区の地図を描いています．ちなみにこのソーホー地区の地図を見ながら今のソーホー地区を歩くことは，結構おもしろいのでお勧めします．もしロンドンへ行く機会があれば，ぜひこの『感染地図』を一読していただいて，その中にある地図を見ながら，昔の19世紀のロンドンの地図とその通り名と，それが今も同じように道路があるという状況を見ながら，「あ，この公園，あるある」という感じで見ていただければいいかと思います．

　図1に，井戸のプロットがあります．この丸い点が井戸なのです．この黒い四角がコレラによる感染死者になるのですが，ここのBroad Streetの井戸の近くに死者が多いのです．道路を通ってこの井戸に近付くことが，

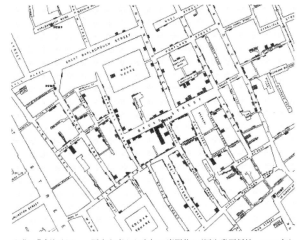

出典:『感染地図——歴史を変えた未知の病原体』(河出書房新社,2007年) より

図1 ソーホー地区における井戸の位置とコレラ犠牲者の住居の位置関係

他の井戸に近付くよりも一番近い地域という基準で,どんどん個別の家を区画別けしていきます.そうして,この井戸の地域だけが感染する確率が高いということを定量的に見せていくわけです.なお,ここはビール工場なのですが,この井戸の地域であるにもかかわらず全く死者はいないです.水を飲まずに一日中ビールを飲んでいたということです.これは思いきり手作業ですが,今でいう地理情報システム(GIS)そのものです.19世紀の状況で,いきなりジョン・スノウさんはこれほどのことをやっていて,この井戸が原因だと言いました.それで井戸のハンドポンプの取っ手を外してしまって,それから感染が治まったということです.

当時の水道会社は,水を処理もせずに管路で引っ張ってきて,地域に配ってお金をもらうというビジネスモデルですが,言ってみれば乱立しているわけです.ロンドン中で水を管路で運んで売られているわけなのですが,ほぼ無処理の水を配っていました.別々の水道会社がテムズ川の上流と下流で水を取って同じような地域に供給しているのですが,両地域を比較して,コレラの死亡率が全然違うのだと証明していくこともやってます.ジョン・スノウさんの研究は,実は微生物学について全然知られていない,1850年代の話ですから,84年にロベルト・コッホが発見するコレラ菌は知らないということにも留意して功績を評価する必要があります.

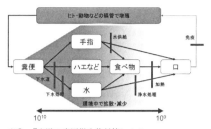

出典:『水道の病原微生物対策』より
図2 糞便―経口感染する病原微生物の生活環

(3) 古典的感染症

　話が少しそれましたが，古典的感染症とわれわれは呼んでいますが，細菌によって引き起こされるようなコレラやチフスなどの病気は，水系感染症として非常に重要な問題であったということになります．ただ，これは致死的な問題ですし，医学分野でも非常に研究が進んでいくわけですが，コレラや赤痢菌などが代表的です．1900年代に多くの病原菌が単離されていって，日本人も当時留学して名を成して帰って来る人がいろいろいたのですが，これは，このような病気を一つひとつ，一つの病気に対して一つの病原微生物を見つける形で，どんどん人間の世界から病気をなくせるのではないかという時代的空気もありました．

　そういう水系感染をしそうな病原微生物が，どのような形で生きているかを考える，敵の身になって防ぎ方を考えようということで，図2に糞便―経口感染する病原微生物の生活環を示します．基本的には病原菌，病原ウイルスもそうですが，大体ヒトの腸管内，体の中でしか増えないということです．これは，例えば37℃にならないといけない，あるいはその他のいろいろな条件が整っているのが，基本的にはおなかの中だけで，それ以外のところでは病原細菌は増えにくいということが前提としてあります．

　病原微生物は基本的には糞便の中に排出されてくるのですが，患者1人1日当たり10^{10}という，かなり大きな数になります．それを一人が使っているシャワーの水やお風呂の水で少々薄まったとしても，かなり高濃度の病原微生物を含む水であることは間違いないことになります．

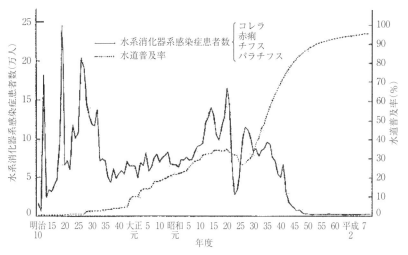

出典:『水道のあらまし』より

図3　水道の普及と衛生状況の改善

　糞便から口へはあまり経路があるわけではないですが,例えば水に入る,あるいは手や指が汚れる,食べ物の中に入るなど様々なルートがあって,これをどのように断ち切るかが問題になるわけです.さまざまな方法で病原微生物の経路を止めることができるわけですが,インフラ的な社会整備として,水供給や下水という形で止めていますし,加熱などはどちらかというと社会習慣,あるいは料理などは,その意味では民族の習慣のようなところもあって,止めていくということになろうかと思います.このような形で人の社会の成り立ちと病原微生物が関わり合いながら,微生物の方も何とかかいくぐって順次感染を繰り返して絶滅を回避しているといいますか,いたちごっこといいますか,そういうことを,繰り返していることになります.

　図3は,こちらの実線の方が水系消化器系感染症患者数になりますが,コレラ,赤痢,チフスなど,昭和20年ごろ15万人規模の大きな数だったものが,戦後しばらくして,急速に治まっているという様子が見られます.それに対して,この点線で描かれているものが水道普及率で,水道普及率がぐっと伸びると,病原微生物の感染者は下がっていくということが,きれいに見えることに気づきます.このように,水道が普及していくと病原微生物の感染,つまりコレラ,赤痢,チフスは,先ほど私が言った古典

的感染症ですが，それらはピタッと治まっていくということが分かります.

2　近代水道の成立——上下水道の成立

　上下水道，近代水道の成立という意味では，19世紀の中のさまざまな試行錯誤があるのですが，ろ過をする，これは水の中の固形物を取るということです．塩素を入れるということと，圧力送水によって水をきれいに保つことと，大腸菌の不在を確認ということをやりますが，このようなセットで，水道水の安全性を確保することが成立していくわけです．このような形できれいな水を作ることができる，あるいはそれできれいだと考えてよいというコンセンサスができていくわけです．この辺の圧力送水は，やはり19世紀の産業革命以降の進展がなければ技術的に成立しないわけですから，このようなある種の時代的必然性も感じます.

　一方，下水道の方も，糞便から水の中に行くために，大きく役割を果たすわけなのですが，そういう認識はそれほどされずに，どちらかと言うと感染症対策よりは環境浄化という位置付けで，日本では考えられてきたところがあります.

　ただ課題としては，雨対策が不十分であり，これは後でまた触れます．途上国における水と衛生という意味では，上下水道が普及されていないところで，どのように公衆衛生を上げていくか．あるいは，災害対応についても，われわれは東日本大震災でいろいろな試練がありましたが，一般化した対応策というものはなく，その場その場で必死に対応していくしかないのですが，それでも事前準備や対応の筋道など，もう少し整備してもいいでしょう．さらに，病原微生物の観点や様々なリスクを全部総合的に考えた上での災害対応は，もう少し考えてもいいのかと思っています.

3　ヒト腸管ウイルス

　先ほどまで古典的感染症ということで進めましたが，ウイルスというものが出てきています．細菌ではなくてウイルスだということなのですが，20 nm から 100 nm とあります．核酸とタンパク質という非常に単純な構造でできているのですが，これは腸管内で増殖するということですが，細菌が腸の中がよい棲家だといって増えるのに比べて，ウイルスはそうでは

なくて，腸の表面の細胞の中に入って増えるということをやります．その意味では，完全に寄生性です．

　感染経路として飲料水や遊泳行為は水系感染です．また，二枚貝などがウイルスを蓄積するということは，水の経路をうまく断てば感染が抑えられるという意味での水系感染に近いということです．他にも感染者との接触など，いろいろな経路がありますが，水の問題として注意しなければいけないことがいろいろあるわけです．

(1) ウイルスの同定法

　ウイルスの測定法としては，細胞培養，電子顕微鏡や抗原抗体法があったのですが，1980 年代，90 年代に PCR 法が開発されて，これが非常に便利な方法だということで一気に広がっていくわけです．これはウイルスの遺伝子を調べる方法で，遺伝子の情報さえあれば，ウイルスがいるかいないかが調べられる．それまでは逆に，ウイルスの専門家は細胞培養で苦労していて，研究室で代々伝わっているような儀式にのっとった方法をやらないと細胞が機嫌よく育ってくれないなど，さまざまな困難があったわけです．PCR 法の場合は，遺伝子を調べるという意味では完全にマニュアル化した形で測定できるようになったので，研究室間の差もなくなっていくし，方法論としてしっかり確立されていくという意味でも革命的だったと言えます．

(2) ノロウイルス

　その中で，ノロウイルスが問題として出てきます．こういうウイルスがいることは分かっていたのですが，当時は SRSV，Small Round Structured Virus という呼ばれ方をしていました．電子顕微鏡で見たときに，下痢症患者の中に小さくて丸いウイルスがいるようだということでしたがどのようなウイルスか分からない．ただ，他の既知のウイルスでないことは分かるわけです．ところが，PCR 法が出てきて，遺伝子情報さえ分かれば調べられるとなってくると，いろいろ分かり始めて，2002 年に，国際ウイルス命名委員会がノロウイルスという属名を付けたわけです．ですから，それまでもある地域でずっと感染していたのですが，2002 年以前

には誰もこのウイルスのことをノロウイルスとは呼んでいなかったわけです.

今はノロウイルスは皆が知っているメジャーなウイルスになっていますが, 分子生物学の PCR 法による発展がないと, ここまで解明されてこなかったはずのウイルスです. なぜこのようなことになっているかかというと, このウイルスを培養するための細胞がないのです.

アメリカではいろいろな数字がありますが, 年間に 800 人ぐらいノロウイルスで亡くなっているのではないかと言っています (www.cdc.gov). ノロウイルスで亡くなるパターンは, おう吐したときに呼吸がうまく取れなくて肺の中に吐しゃ物が入ってしまう, 嚥下性肺炎という言い方をしますが, それが原因で肺炎を起こすということがあります. それをノロウイルスの死亡とカウントするかしないかという違いで, これがゼロか 800 かが変わってくるわけです. 最近のアメリカではそれをカウントすることにしているので, ノロウイルスで亡くなったというようになりました. 入院患者数, 病院に行く患者, 罹患者と推定人数はどんどん大きくなるわけですが, 年間で 2,000 万人もの多くの人数がノロウイルスにかかっていると言われています.

(3) 環境中のノロウイルス

環境中のノロウイルスはいろいろあって, 下水や河川水や井戸水や海水などさまざまなところから検出されます. ノロウイルスは, 血液バンクなどの血清の抗原抗体反応などから, 世界的に非常に高い抗体保有率が分かって, しかも, 中には例えばパプア・ニューギニアなども含まれていて, その意味では世界の未開の地とこちらが思っているようなところでも, ノロウイルスはきちんと存在することが分かるということです.

(4) 水道水中のノロウイルス

大容量の水からウイルスを濃縮する技術を開発したので, 水道のノロウイルスを測定してみました (Haramoto, Katayama, & Ohgaki, 2004). 世界初の試みです. 300 L 平均ですが, 朝, 蛇口をひねってずっとやって夕方でろ過するわけですが, なかなか陽性が出てきません. これも何とか

10％ぐらいの陽性率ですが，これもウイルスの遺伝子です．PCR法で測定すると先ほどちょっとお話ししましたが，遺伝子を調べる方法ですので，ウイルスを測定するといっても，ゲノムがあったということです．だから，感染性のあるウイルスがいたとまでは言えないです．ここではかなり一生懸命検出しようとしたら，何とかこれだけ出て，全部の陽性データ，陰性データを合わせて平均値としては，1ウイルスゲノムが2,800 L中に1個という数字が得られるわけです．ただ，ふつうは水道水中の塩素でウイルスが不活化されるので，この2,800 L中1個という数字は，とても低濃度に聞こえますが，これでも過大評価です．それは百も承知の上で，全部生きているとしたらどれほどの感染確率かという計算を仮にした場合，年間で200人に1人ぐらいが感染するかもしれない数字が出てきました．アメリカで2億人中2,000万人罹患ということですから，10人に1人は感染しているのですが，そのうちの水系感染の割合は，非常に小さいということが分かるわけです．

4 水系感染の可能性

　介入型疫学調査で，どれほど水道で下痢になっているかという調査が行われているのですが，手法をめぐって意見が対立した模様も含めて紹介します．

(1) 介入型免疫調査研究

　介入型疫学調査はどのようなことをやっているかというと，水道に浄水器を付けて水を飲んでもらっているご家庭と，そのまま普通の水道で生活をしてもらっているご家庭を比較し，それで差が出てきたら，それが水道由来の下痢症だとみなし，これを疫学調査により調べます．

　カナダのケベックでの調査（Payment et al., 1991）があって，18か月にわたって606家庭に毎週電話をするという，非常に精力的な研究です．その中で，水道水質モニタリングもやっていて，水道水質基準を満たしていることが確認しています．何か変なことが起こったわけではなくて，普通の状態だったということも担保した上での疫学調査です．結果として年間に1人当たり0.76件の下痢に対し，浄水器を取り付けた家庭では0.5

件でした．下痢症の35%が，水道水が原因だと結論を出しました．

　この研究チームは2回目の調査（Payment et al., 1997）も行いました．今度は浄水器でなく，今では日本でも宅配型のものが結構はやっていますが，大きな瓶詰め浄水を届ける家庭とそうでない家庭の二群に分けて，今度は1,400家庭でやります．今度は14から40%が水道が原因だという結果で，水道による下痢症のリスクはばかにならないという結論が出てきた．これは繰り返しますが，水道水質を満たしている水道で，このような数字だと言うわけです．

　ただ，反論も出てきます．被験者がどれほどの症状で下痢だと判断するかは結構難しいと．被験者が持つ情報によって下痢症の定義が変わってくるので，それは問題ではないかということです．

(2) 情報バイアスの事例

　一例として，クリプトスポリジウムが問題になりました．これは病原微生物なのですが，これがアウトブレイクになったことで，何%の人が下痢になったかを調べようとして，水道水にクリプトスポリジウムの入ってなかった対象地域とクリプトスポリジウムがはやった地域の2箇所でアンケート調査をやります．ただ，このクリプトスポリジウムの問題は，もう新聞報道で大きく報道されていたわけです．その二群で調査したら，クリプトスポリジウムのない地域で14%，流行した地域で13%が下痢になったという調査結果になってしまいました．これでクリプトスポリジウムがある地域の方の発病率が全く評価できない数字になってしまったというオチのついた研究で，アンケート調査が情報バイアスがある中では難しいという結論の論文（Hunter & Syed, 2002）です．何%がクリプトスポリジウムが原因で下痢になったのか分からなかったのですが，アンケート調査のそういう難しさが分かるという論文として出ています．

(3) 改善された疫学調査

　情報バイアスの観点から，ケベックの疫学調査方法は不十分だという反論が出てきて，二重盲検法でやりなさいということが出てくるわけです．二重盲検法とは，薬の薬効を調べるために標準的に使われている方法で，

効果のあるはずのものを試しているのか，そうでないのかが分からないようにするということです．これはつまり，アンケート調査を受ける人間が，自分が今，浄水器を通した水を飲んでいるのか，浄水器を通さない，ダイレクトに水道水を飲んでいるのかの区別がつかないようにして，調査をするべきだということです．二重というものは何かと言うと，アンケート調査をする人間も，どちらのことを聞いているか分からないようにしなさいということです．それが二重という意味で，そういう方法をやるわけです．これはダミーの浄水器を取り付けた家と，本物の浄水器を取り付けた家の二群に分けて調査をすることをやっているわけです．

さらに念が入ったことに，調査期間の途中で入れ替えます．そうすると，ある家庭の前半は浄水器，後半はダミー，他の家庭は前半がダミーで後半は浄水器という形で，期間の途中で入れ替わります．ある意味で被験者の公平性も実現できているということもありますが，そういうやり方で調査した例が実は2件あって，オーストラリアのメルボルン（Hellard, Sinclair, Forbes, & Fairley, 2001）とアメリカのアイオワ州（Colford et al., 2005）でやった研究です．両方の研究で，浄水器を取り付けることによって下痢症が減ったとは言えないという結果が出てきたということです．

ここから分かることは，結局，水道水からどれほど下痢症が発生しているかは疫学的に測定不能だということです．だから，交通事故などは死亡者を数えて総人口で割ると何％のリスクということができるので，結果からリスクを計算することができるのですが，水道由来のリスクではそれができません．原因が分かるという意味では，アスベストなどはアスベスト特有の肺気腫という病気になるので，原因と結果がはっきりしているから疫学，あるいは結果から原因を追究していけるわけですが，下痢症はそれができないところがあって，なかなかその部分は難しいということがあります．

5　クリプトスポリジウム対策の国際比較

水道の安全性という意味では，クリプトスポリジウムがここ20年で一番激しく動いている規制なので，その国際比較をご紹介しようと思います．クリプトスポリジウムは，1993年にアメリカのミルウォーキーで下痢症

が発生して，40万人の患者が出たと言われた事件で注目を浴びました．1996年には埼玉県越生町で推定患者数が8,000人以上ということで，非常に大きな下痢症が起こっているわけです．コレラや大腸菌O157などの細菌性の水道でのアウトブレイクは起こっていなくて，クリプトスポリジウムだけが起こっているということになります．大腸菌O157も実は同時期に出ている病気なのですが，水道による水系感染は起こしていません．その意味では，水道はこのような古典的感染症に関しては，公衆衛生をきちんと守れているのです．ですからたまたま失敗したのではなくて，守備がきちんとできていたのに発生ているところが問題の本質ということになります．

クリプトスポリジウムは3μmから8μmぐらいの原虫です．クリプトスポリジウムはなかなか悪魔的な生活環を持っています．増殖した後にオーシストという形態をとってガードし，自分も中から外へ出られないので感染を続けることができなくて，糞便と一緒に出て行きます．非常に殻が強いので塩素も効かないし，乾燥しても平気という状態で，環境中に出て行くことになります．

さて，このオーシストという形になれば，なかなか死なない．何が悪魔的かというと，この硬い殻の中に入って，そのまま殻の中に閉じこもってもらって，口の中に入っても閉じこもってもらって，胃の中でも腸の中でもずっと閉じこもって，そのまますっと糞便として出て行けば，何も起こらなくていいわけです．が，オーシストは胃の中で酸にさらされると，反応するのです．他の微生物は胃の中で酸にさらされると死んでいくのにです．だから胃の酸は人の体の中で非常に強い免疫システムなのですが，そこを目覚まし時計の代わりに使って，腸の中に入って感染しているわけです．

近代水道システムは安全と思われていたが，水道水の塩素もかいくぐって腸にたどり着くことができるのが，クリプトスポリジウムの怖いところになります．

---

(1) アメリカでの事例

アメリカではミルウォーキーで，1993年に40万人規模の発症が起こっ

たのですが，死者数は不明です．発症者は40万人ということなので，下痢症が起こっているときはさぞかし町中が大騒ぎになったのではないかと思いきや，実はそうでもありません．これは200万人規模の街なので，発症率としては20％です．これが仮に1人1週間の症状で感染が2か月だらだらと続いたとしたら，一時期の発病率としては8分の1の人数になるわけですから3％程度です．小学校のクラスに1人か2人の下痢が続いている状態ですから，それほど無茶な数字ではないのですが，合わせて見るととても大きな発症率ということになります．

このアウトブレイクが判明した経緯は次のようなものだったと聞いています．新聞記者が下痢になったので，下痢止めの薬が欲しいと思って薬局へ行ったら品切れと言われて，ちくしょうと思って次の薬局へ行っても品切れと言われて，何なのだそれは？　ということをきっかけに調べ始めて，下痢症が異常に多いことが分かっていったそうです．つまり，この大規模なアウトブレイクでさえ，水系感染を見つけるのは非常に難かったのです．水系感染症で下痢になっても，全然誰も気付かないということで，交通事故とは大違いです．その意味でも，これほどの規模にならないと見つけられないということでもあります．

当時，流行時に水道水を使って氷を作っている氷工場があって，その氷からクリプトスポリジウムが見つかったので，水系感染であると結論付けられました．

(2) 日本の事例　戦後最大の水系感染症

日本の場合，埼玉県で同じようにクリプトスポリジウムのアウトブレイクが起こったのですが，1996年（平成8年）6月で，今度は小中学校の児童の多数の欠席から始まっています．これは食中毒ではないか，あるいは給食のせいではないかということで，集団食中毒の検査という常識的な対応を取り始めるわけです．けれども食材から何も出てこないので，原因がなかなか分からない．一般家庭，つまり小中学校の児童でない人でも下痢になっているという情報が寄せられて，水道水ではないかと疑われます．しかし，残留塩素はきちんと0.1 mg/L，きちんと立派な水が出ているので水道が原因とは考えにくい．いや，では塩素耐性の高い原虫ではないか，

クリプトスポリジウムではないか，これは実はミルウォーキーの後だから
そういうことが思いつくということでもあるのですが，そんなことで調べ
ました．当時，クリプトスポリジウムを調べられるのは大阪大学の先生だ
けだったので，埼玉県の糞便試料を大阪大学に送って原虫類を調べ，原虫
のアウトブレイクだと分かります．

さて，小中学校の給食の場所で水道使用を止めているわけですから，そ
こにある蛇口から出てくる水は当時の水なので，その水からクリプトスポ
リジウムが検出されたことで，水系感染だったということが確定しました．

事後調査としては1万2,000人から回答があって，7割症状があったと
いうことで，発症率としてはミルウォーキーよりも高いです．逆に言うと，
これだけ高いから感染が見つかったということでもあります．そのあと，
河川水の汚染も調査で確認されます．水質がよかったから凝集剤の添加が
不徹底であったことも指摘されています．

---

(3) リスクの計算

クリプトスポリジウムのリスクを考えた場合，塩素を入れれば安全だと
いうことにはならずに，どれほどクリプトスポリジウムの濃度が低ければ
いいのだという議論をしなければいけないことになります．そのときに
Dose Response 関係を使います．Dose Response とは，クリプトスポリジ
ウムを何匹飲んだら何％の人が下痢症になるか，感染するかということ
なのですが，いろいろなデータがあります．だいたいはアメリカの刑務所
で志願者を使った実験データです．3回ぐらいそういう実験が行われてい
て，0.4％から9％という数字がここにあります．たとえば0.4％という
ものは，元のデータから外挿です．本当は10匹，100匹などもっと飲ま
されているのですが，その人たちの感染率を見て，そこからもし1個の
摂取の場合は何％の感染率かをモデルによって計算して，ここに出てい
る数字0.4や9というものになるのです．

仮に，1日沸かさないで飲む水が1Lで，1個摂取したら1％の感染確
率だとして，10^{-4}の年間感染リスクにしようと思うと，365日ずっと飲ん
だ中に1匹いる確率が100分の1以下となるので，36,500L中に1匹が
クリプトスポリジウムの存在量として許される濃度になります．非常に低

濃度でなければいけないということが，要請されていることが分かるわけ
です．

(4) Water Safety Plan

　最終製品である品質チェックの意味で，クリプトスポリジウムが浄水の
中に何匹いるかをチェックする方法では，あまりに大量の量を調べる必要
があり，安全だというのが現実的にはなかなか難しいということが分かり
ます．水安全計画（Water Safety Plan）という WHO による推奨がありま
す．どのようなことかというと，原水の質を評価しておいて，処理でどれ
ほどのクリプトスポリジウムが除去できるかというバリアの性能を評価す
る．そうすることによって，最終製品の水を調べるという方法ではなく，
原水の水質と処理能力の両方を使うことによって，最後の水の安全性を確
保していこうという方針です．元々の原水の濃度や除去効率に変動があっ
ても，その不確実性なども考えながらも浄水の濃度が得られ，それが求め
ているリスクよりも低いかどうかを見ていきます．低くないのであれば，
さらに処理を増強しろということでやっていきます．それら一連のことが
Water Safety Plan，世界的に考えられているクリプトスポリジウムや病原
微生物の安全管理の中の方法です．最終製品の濃度を調べるのではなくて，
その原水の濃度を調べること加え，バリアの強さ，あるいはバリアの性能
を見ていくのだということが，危害分析重要管理点（HACCP）の考え方
として推奨されています．

(5) 各国のクリプトスポリジウム対策

　日本では，最初に 1996 年（平成 8 年）の 9 月に厚生省から水道におけ
るクリプトスポリジウム暫定対策指針が出されました．6 月にアウトブレ
イクが起こっているということを考えると，この迅速な対応は非常にすば
らしいと思います．水源に応じたリスク管理をしなさいということで，非
常に深い地下から取っているような本当にきれいな水は，糞便汚染は考え
られないのでいいけれども，地表水を使っている場合であれば，川の水な
どはいつ何時汚染されるか分からないので，きちんと濁度管理をしなさい
と言います．このクリプトスポリジウムに対するリスク管理や濁度管理と

いう要請から，日本では膜の導入が一部進むということもありました．

　最大の特徴は，ろ過池の出口の濁度0.1度以下に保つという基準です．これは，実際には濁度が低ければ低いほどクリプトスポリジウムがいないと言っているのではなくて，濁度がぐっと落ちるような処理をきちんとしていれば，そのバリアは十分機能しているということです．これは世界で最も厳しい濁度基準ということもあるし，処理できちんとコントロールしなさいという意味では，発想としてはHACCPの考え方に沿っていることになります．

　次は，イギリスの話です．ここは民営化されているので法律体系がちょっと違うのですが，1,000 L中にクリプトスポリジウムを100個以下にしなさい，という規則ができました．先ほど言った数字は幾つでしたか？36,500 L中に1個が10^{-4}の年間感染リスクだという議論をしましたね．1,000 L中100個ということは，非常に高い濃度でも許容するということをいきなりどんと打ち出して，これが達成できなければ水を止めなさいと，逆に言うとペナルティーとしてはとても重いものを課しています．これによって，中小の処理場がどんどん潰れていくというようなことも，容認する形で推し進めます．逆に言うと，処理場を潰すぐらいなので，かなり緩い基準にしておかないといけません．さらに，1,000 Lを毎日調べなさいということをやっているので，クリプトスポリジウムの検査がイギリス中の浄水場で実はずっと続いているということになりますし，それが嫌なら膜を入れなさいということです．

　アメリカの方はどうかというと，Long Term 2 Enhanced Surface Water Treatment Rule というものがありますが，これで処理レベルの基準を作っています．原水の病原微生物を調べなさいという information collection rule という規則があって，原水の病原微生物の濃度を調べることを何年間か続けさせます．そこで得られた病原微生物の幾何平均値でランク分けし，水質が悪いと上乗せ処理をしなさいというわけです．ここでは，平常時は処理が正常に機能しているかどうかを見ればいいのであって，処理水のクリプトスポリジウムは測定しなくていいと言っています．ですから，工学的に保証するのであって，処理をしっかりさせなさいということです．これが，例えばリットル当たり0.075個以下であれば普通の凝集沈殿，砂ろ

過処理でいいのですが，それよりも多いと，何かさらに上乗せ処理をしなさいと．これはオゾン活性炭でもいいでしょうし，もちろん膜を入れれば完ぺきですが，紫外線やその他いろいろな処理をしていくことで，クリプトスポリジウムの原水中の濃度次第でこの上乗せ処理の程度が変わっていくというやり方です．

　オランダはさらに踏み込んでやっていて，ウイルス，細菌，クリプトスポリジウムいずれに対しても年間感染リスクが 10^{-4} 以下であることを，科学的根拠をもって示しなさいという規則を作っています．これは，浄水場ごとにそれを計算させていくので，非常に運用が難しいルールです．処理がうまくいかないときやたまたま原水の病原微生物濃度が高いなど，最悪の場合もあるということも入れながら計算して，それでなおかつ 10^{-4} 以下であることを証明しましょう，できなければ上乗せ処理しなさい，ということです．その意味では，非常に厳しいルールを作っていることになります．

　以上のように，世界各国で異なる取り組みがなされています．塩素を入れて，大腸菌がいないから安全だというこれまでの近代水道の枠組みというものから，さらにリスクアセスメントをしてどれほどのリスクなのか，あるいは年間感染リスクとしてどれほどなのかなど，いろいろな形で安全を保証していくスタイルが必要です．水道由来の感染事故が起こっていないというのは実は見つけようがないだけので，そちらの方向からではなくて，水質の面からきちんと安全を説明していく方向で努力していかなければいけないと思います．

Q&A　講義後の質疑応答

Q　図3の「水道の普及と衛生状況の改善」というグラフについて，感染患者数と水道の普及率が反比例のようなグラフになっているというご説明がありまして，先生のご説明を聞いてなるほどと思いました．戦前戦後を境に，確かに反比例の傾向はあるけれども，それまではそうとも言えないことがあって，も

しかしたら戦後になって塩素を入れ始めたからでしょうか？

A　塩素の影響はあると思います．戦後，日本が水道に塩素を入れたのはGHQによる指導です．アメリカ本国でも塩素添加を強制することができていないのですが，日本に対しては蛇口での残留塩素まで要求しました．元々，水道は国が整備したものではなくて，地元で作っていた水道の上に国が規制を押しつけていくのですが，地元の方は，うちの水はそれほど汚くないのだからがたがた言うなと言い返すような力関係があります．日本の場合は，米軍の駐留兵士の衛生のため強制したのですが，GHQから厚生省に管轄が移っても，全くそれを変えずに塩素を入れなさいという指導がそのまま続いています．

Q　アメリカや日本など，いわゆる先進国の水道水はいいとして，途上国，あるいは先進国一歩手前の国になると，かなり状況は変わってくるのではないでしょうか．私も旅行して水を飲んでひどい目にあった経験などもありますが，そのあたりの状況はいかがでしょう．

A　水道水が 24 時間 365 日圧力がかけられていれば，かなり安全なのではないかと思います．だから 24 時間給水かどうかは，結構大きなファクターです．さらに，管路が良ければ圧力をかけられるけれども，管路が悪ければ漏水を減らすために少し圧力を弱めて配水することになり，あるところで水が引っ張られると管路外の水が入って来るという汚染リスクが結構大きいのではないでしょうか．浄水場の水ならともかくとして，配水中の汚染されやすさというものは先進国，途上国で，圧力の違いで出てくるのではないかと考えます．

Q　クリプトスポリジウム対策として，UV と膜という処理，簡単にそれぞれのコスト面を含めたメリットとデメリットと，また他に対策があるかを教えていただきたいです．もう一つ，今後，また第二のクリプトのような病原体が出てくるかどうか，教えてください．

A　UV と膜以外にオゾンもいいとされていたのですが，最近，実はオゾンは今ひとつだといわれ始めました．消毒副生成物の関係でオゾンをあまり吹き込んでいないことも影響しているのですが，スウェーデンのオゾン

を使っている浄水場で，クリプトのアウトブレイクが起きたということがあります．だから，UV の方が単独でクリプトだけを考えればコストが安いだろうということで，価格競争力的には上だろうとは思いますが，総合的に判断することになるのだろうと思います．

　第二のクリプト，unknown unknowns と言う言い方もあるらしいですが，どのような未知のものがくるのかは分からないです．塩素が効かないクリプトスポリジウム対策，塩素で対応できる微生物など，いろいろ多様な微生物対策をすでに施しています．現在知られている病原微生物全部に対応できる水道だという場合に，さらに何かこのシステムで対応できないという新規微生物は出てこないのではないかとは思います．ただ，新しい病原微生物自体は出てくると思います．

Q　ウイルスについて教えていただきたのですが，日本では一般の市民の方も含めて，ウイルスというと風邪やノロウイルスぐらいしか思わないと思うのです．オランダの水質基準にウイルスが入っているということは，やはり塩素消毒をしないからということがあるとは思うのですが，日本の浄水場などにウイルスの話をしても，ウイルスはタブーだと，大都市でもウイルスの話を結構してくれないのです．その意味では，日本もウイルスを論じるような空気に変わっていくのかどうかを教えてください．

A　変わっていくかどうかはまだ分からないけれども，私は声を上げようと思います．ウイルスはクリプトスポリジウムほど塩素に強いわけではないですが，大腸菌ほど弱いわけではなく，しかも濃度も高い傾向もあるので，いろいろな形で安全を検証していかなければいけないだろうと思っています．水道に限らずですが，ウイルスに対する対策が必要なところは徐々にリスク管理をしていかないといけないでしょう．ウイルスにもっと注目していった方が，安全性を高めることになるだろうと思います．

参考文献

「クリプトスポリジウムによる集団下痢症」——越生町集団下痢症発生事件——報告書，埼玉県衛生部（1997 年）

金子光美編著, 『水道の病原微生物対策』(丸善出版, 2006 年)

『水道のあらまし』(日本水道協会, 2008 年)

スティーヴン・ジョンソン『感染地図——歴史を変えた未知の病原体』(河出書房新社, 2007 年)

見市雅俊 『コレラの世界史』(晶文社, 1994 年)

http://www.cdc.gov/norovirus/php/illness-outbreaks.html

(Haramoto et al., 2004) Colford, J. M. J., Wade, T. J., Sandhu, S. K., Wright, C. C., Lee, S., Shaw, S., Fox, K., Burns, S., Benker, A., Brookhart, M. A., van der Laan, M., Levy, D. A., 2005. A randomized, controlled trial of in-home drinking water intervention to reduce gastrointestinal illness. Am. J. Epidemiol. 161, 472–482. doi: 10.1093/aje/kwi067

Haramoto, E., Katayama, H., Ohgaki, S., 2004. Detection of Noroviruses in Tap Water in Japan by Means of a New Method for Concentrating Enteric Viruses in Large Volumes of Freshwater. Appl. Environ. Microbiol. 70, 2154–2160. doi: 10.1128/AEM.70.4.2154

Hellard, M. E., Sinclair, M. I., Forbes, A. B., Fairley, C. K., 2001. A randomized, blinded, controlled trial investigating the gastrointestinal health effects of drinking water quality. Environ. Health Perspect. 109, 773–778.

Hunter, P. R., Syed, Q., 2002. A community survey of self-reported gastroenteritis undertaken during an outbreak of cryptosporidiosis strongly associated with drinking water after much press interest. Epidemiol. Infect. 128, 433–438.

Payment, P., Richardson, L., Siemiatycki, J., Dewar, R., Edwardes, M., Franco, E., 1991. A randomized trial to evaluate the risk of gastrointestinal disease due to consumption of drinking water meeting current microbiological standards. Am. J. Public Health 81, 703–708.

Payment, P., Siemiatycki, J., Richardson, L., Renaud, G., Franco, E., Prevost, M., 1997. A prospective epidemiological study of gastrointestinal health effects due to the consumption of drinking water. Int. J. Environ. Health Res. 7, 5–31. doi: 10.1080/09603129773977

(Payment et al., 1991) (Payment et al., 1997) (Hunter and Syed, 2002) (Hellard et al., 2001) (Colford et al., 2005)

Ⅱ　水利用システムと水事業

第7講

安全な水供給

滝沢　智

東京大学大学院工学系研究科教授

滝沢　智（たきざわ　さとし）
1983年東京大学工学部都市工学科卒業．88年東京大学大学院博士課程修了（工学博士）．88年長岡技術科学大学建設系助手．90年建設省土木研究所下水道部研究員，主任研究員．92年東京大学工学部都市工学科助教授．93年東京大学工学部付属総合試験所助教授．96年東京大学大学院工学系研究科都市工学専攻助教授．97-99アジア工科大学院環境工学専攻助教授．2006年同教授．

はじめに

　地球の「水」をめぐるシステムという話からはじめたいと思います．前半の科学をお話しされた先生方が，非常にスケールの大きな話をされたのではないかと思います．そこで，私も地球の写真から（図1）話を始めたいと思います．

　地球上では先進国，途上国にかかわらず水が必要です．

　水の循環には，蒸発や降水，浸透や流出などがかかわりますが，これらのプロセスには，日射や，地球の気候，地形，植生など様々な要因が関係していると思います．この地球規模の水循環は，最近，科学的な研究が進んでいる研究分野で自然のシステムです．

1　地球の「水」をめぐるシステム

　その一方で，私の研究分野は，どちらかといいますと，図1の左側ではなくて，右側にあります．人間は，地球をめぐっている水の一部を使っているわけですが，水利用のためにはダム，地下水，それから，プロセスとしては取水，浄水，配水，水利用など，いろいろな施設が必要です．

　水は，人の生活や健康を支えているだけではなく，産業や経済を支えていたり，行財政も，水を利用するための施設を作るために必要ですから，水の分野は，いろいろな人たちと関わっています．

　水の科学を研究する人たちは，図1の左側をやっていますが，私は，水を配ったり処理したりするシステムを作り，それから，「産業や経済を支えるために水が必要だろう」ということを考えたり，「それをするためには金も必要だろう」ということを考えて研究をしています．私が出ている国の委員会も，最近では財政や経営の話が多くなっています．

　自然のシステムは太陽や地球の影響が絡み合ってとても複雑なシステムです．一方，人工システムは，それに比べて単純系です．私たち自身が作るシステムですから，それほど難しいことはないはず．管路に水がどれだけ流れるかということは，計算すれば，ほぼ正確に予測できます．

　私たちをとりまく水のシステムでは，自然の中の複雑なシステムの中に，人工システムが組み込まれています．

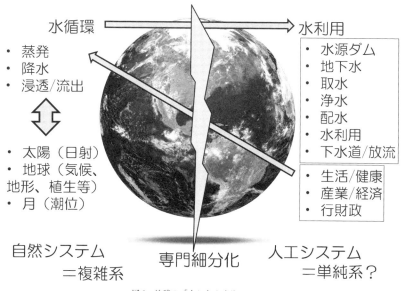

図1 地球の「水」をめぐるシステム

　でも，複雑系の中に単純系があると，やはり，どこかで少し無理がありますね．研究者は，専門を細分化していくことが好きで，実は複雑なシステムは細分化したほうが理解しやすいことは事実です．複雑なシステムを，「全部いっぺんに誰か説明してほしい」と言っても，誰も解けないです．だから，それぞれの細分化したプロセスの専門家が，専門領域を設定して研究をしています．でも，「誰が，これをまとめるのかな」という疑問は，お持ちではないでしょうか．

　水利用のシステムは，誰かが全体的なことを俯瞰して考えないと，水循環全体の中でどうしたらいいのかということが，よく分かりません．例えば，「洪水が起こります，渇水が起こります」といったときに，われわれは，やはり水循環のことも理解していないといけません．

　水インフラに係わる仕事をしている技術者や研究者は，将来起こることに対して長期的な視点が必要です．例えば，浄水場を造ったら最低50年は使います．水関連の施設の計画・設計をするときに，50年や100年先の将来に，どのように使われるのかということを，真剣に考えていかなければならない時代に入ってきています．

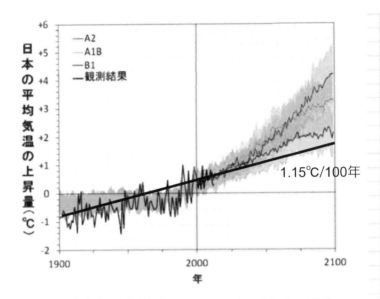

都市化の影響が比較的少ないと見られる17地点の平均気温の変化　　標準偏差：1σ=68%；　2σ=95%

出典：日本の気候変動とその影響（環境省、2012）

図2　日本の年平均気温の変化

　一方で，将来の予測は難しく，不確実性という言葉が最近よく使われますが，地球環境の変化を含めた不確実性を水インフラの計画にどのように取り入れてゆくのかは，まだ確立された方法がありません．

2　気候変動と水との関係

　では，水のことを考える上で，とりあえず一つの題材として，気候変動の話がどれぐらい分かっているかというお話をしたいと思います．図2は，環境省が2012年に出した『日本の気候変動とその影響』という冊子にある図です．これは水量ではなくて気温で，将来予測をしているのですが，シナリオによって非常に違いがあり，平均値の違いだけではなく，標準偏差も大きくなっています．

表1 近年の豪雨による水道の被害状況

時期・地域名	断水戸数	最大断水日数
平成22年 梅雨期豪雨（山口県，秋田県，広島県等）	約17,000戸	6日
平成23年7月 新潟・福島豪雨	約50,000戸	68日
平成23年9月 台風12号（和歌山県，三重県，奈良県等）	約54,000戸	26日（全戸避難地区除く）
平成25年7・8月 梅雨期豪雨（山形県，山口県，島根県等）	約64,000戸	17日
平成26年7〜9月 梅雨・台風・土砂災害（高知県，長野県，広島県，北海道等）	約55,000戸	36日
平成27年9月 関東・東北豪雨	約27,000戸	11日

出典：厚生労働省資料より

出典：厚生労働省資料より

図3 関東・東北豪雨により水没した相野谷浄水場（常総市，平成27年9月）

通常は，われわれが予測するときは95％確率の可能性を予測するので，普通であれば，標準偏差の2倍の幅を示します．しかし，95％の予測範囲を示すとあまりに範囲が広くなりすぎて，どのような予測がされているのかが分からなくなります．

3 豪雨による水供給への影響

それから，豪雨については，いろいろなところで水道施設関連の被害が出ています（表1，図3）．現時点での豪雨被害は温暖化よりも個別の気象によるところが大きいと思いますが，将来の気候変動による被害を予測させるのに十分な影響力があります．われわれの頭の中では，現実に起こっている問題と将来起こり得る問題を，明確に区別して考えることが難しいと思います．しかし，将来を考えていろいろなものを設計するわけですから，現在の課題と将来の予測の両方の情報が必要です．そこを，冷静に，

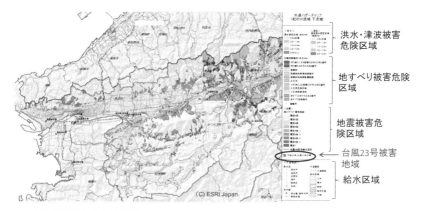

紀ノ川流域の事例

出典: 吉川泰代、矢部博康、小池亮、森本達男、小熊久美子、荒巻俊也、滝沢智『水道ハザードマップを用いた自然災害による水道事業への影響評価』『土木学会論文集G』(環境)、(Vol. 68, No. 7, III_147 – III_156, 2012.)

図4 水道ハザードマップ

論理的に考えたときに，どうしたらいいかということが大きな課題です．

われわれの研究グループは，「水道ハザードマップのようなものを作ったらどうか」と，一昨年に，提案しました．これは，紀ノ川流域の水道ハザードマップですが（図4），実際水害があった流域で，自然災害マップと，いろいろな水道施設のマップを重ねて，「ポテンシャルとして，どのようなところがリスクかというようなことを示してはどうか」ということを提案しました．

4 水道と投資

もちろん，有り余るほどの資金があれば，災害対策はやれることは全部やったらいいのですが，資金は将来不足する傾向です．そうすると，最も有効な使い方をしないといけません．例えば，今後50年間に水道施設への大規模災害による被害額は100億円だ，と予測したとします．その対策として，現在投資すべき金額は幾らでしょうか．

一例として，年間の最大大規模発生確率というものが一定だとすると，1年間で災害が発生しない確率は，β が年間災害発生確率だと $1-\beta$ です．50年間の発生確率ですから，50年間に少なくとも1回発生する確率は $1-(1-\beta)^{50}$ です．

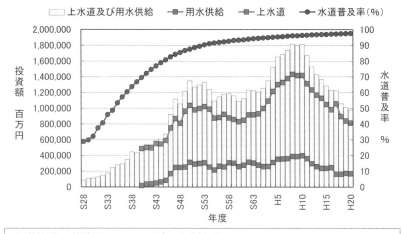

図5 水道施設への投資額の推移

　もう一つ考えないといけないことに，社会的割引率があります．来年100億円の損害が出ることと，50年後に100億円の損害が出ることは，現在価値に直したら当然違ってくるはずなのです．そうすると，何年後に起こるかによって，現在価値に直したときの値が変わってくるわけです．そのため，50年間に起こる確率が30％という予測では，現在価値化ができません．

　それでは，「これまで幾らぐらい，水道施設の投資があったか」ということですが，図5を見ると二つのピークがあります．施設更新をするための考え方は，やはり，更地に新しく作るときの考え方とは異なっています．かつて昭和30〜50年ぐらいまで大規模に造っていた時代とは，社会の情勢が変わっているので，それも考えたような将来投資の考え方を，いろいろな事例を作り出したり，議論をしたりして，しっかりとしたものを作っていかないといけない時代に入っています．

5　水道と人口減少

　全国の都道府県別人口変化率（図6）を見ると，人口減少は一律ではないということが重要です．例えば，沖縄のように，人口がまだ増えている

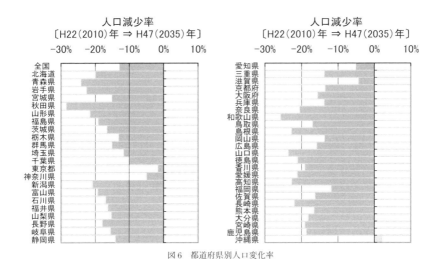

図6　都道府県別人口変化率

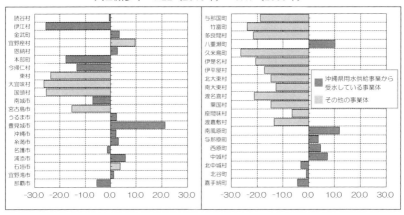

図7　沖縄県内の市町村の人口予測

ところがあります．ただ，沖縄県内での人口の移動があって，増えているところは，どちらかといいますと都市部で，離島等の人口が減少しており，そこが，やはり問題です（図7）．

　それから，人口減少だけではなく，高齢化ということも，これから考えなければいけません．図8は，65歳以上単身高齢者世帯の割合を全国地図に示していますが，濃いほうが単身高齢者世帯の割合が高くて，薄いところが低い地域です．全体的に見て，西日本に濃い地域が多くて，北日本

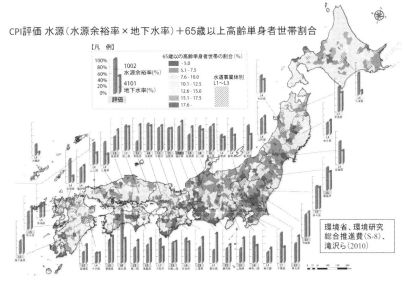

図8　高齢者人口比率と水源の安定性

は，それほど多くありません．特に，単身高齢者が多い地域では，水道は維持し続けなければなりません．

そのためには，水道事業経営の問題は当然ありますので，それを考えるため，2014年に，『日本水道新聞』と一緒に全国の中小規模自治体の首長にアンケート調査をしました．例えば「将来の水需要は，どうですか」と聞いたときに，「増加傾向」が7％ほどいましたが，あとは，「横ばい」「減少傾向」という回答です．それから，「将来の見通しは，どうですか」と聞いたのですが，「課題はあるがうまくいっている」が41％．「見通しに不安がある」が54％です．「単独維持が難しい」と答えたところが3％ありました．このアンケート結果に見られる危機意識が具体的な動きにつながるといいのですが，なかなかそうならないところが，やや問題です．

老朽化対策についても聞いていますが，「対策は重要ですか」と聞いたら，「非常に高い」「高い」が大体6割ぐらい，という結果になっています．「適切な対応ができている」と答えたところは22％あるのですが，どのような対策をしているかは，また，もう少し聞いてみないと分かりません．

「料金の将来見通しは」ということで，これも聞いてみました．「値上げ

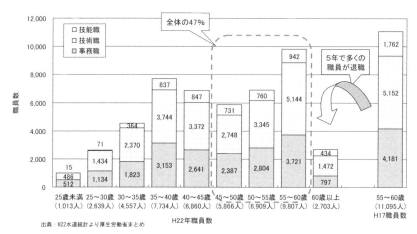

図9　全国の水道事業体職員数の年齢構成

をする」と明確に答えたところが5％.「値上げを見据えた検討が必要だ」と言われたところが56％. いずれにせよ, 3分の2ぐらいは, 何らかの形で値上げをしていかなければいけないということです.

それから, 非常に規模の小さい事業体が多いですから, そういうところで「技術系の職員を確保できますか」ということを聞くと, やはり「現在は在職するが将来は難しい」「現在も確保は難しい」というところを含めると, 90％ぐらいが, 技術系の職員がいない, ないしは, 将来は非常に難しいということで, 技術を支える人たちをどう確保するのかということは, 水道事業体の中だけではなくて, いろいろと考えなければいけません. そのような中で職員数を見ると, どんどん減っているということです.

図9は少し古いデータですが, 水道事業体を退職した人のうち, 4分の1ぐらいが再雇用で残りますが, その他は定年で離職してしまうという傾向があります. 水道技術を支える職員が残っていないのが現状です.

民間の活用について聞いてみると,「はい」と答えたところが45％,「いいえ」と答えたところが52％です.「技術者が不足しますか」という質問に約90％が「不足する」と答えていますが, 民間の活用ということについては, かなりの数の水道事業体が「いいえ」と答えているので, そういうところでは, 一体, これからどうやっていくのか, と思います.

2013年に新水道ビジョンを作成しました. 基本理念は,「地域とともに,

信頼を未来につなぐ日本の水道」ということです．地域に根を下ろして，しっかり地域の人と水道を支えていこうということで，新しい基本理念を設定して，今，皆さんとともに，まさに頑張っているところです．

東日本大震災の経験もありまして，それまでと少し見方が変わったかもしれませんが，「安全な飲料水を供給する」ということが水道の重要な使命ですが，それに加えて「自然災害に対する強靱性」「経営の持続」ということで，この3本柱をしっかりとやっていこう，ということを言っています．

実は，水道に携わる人たちは非常に多岐にわたっていまして，当然，水道事業者そのものがいるわけですが，これを管理監督するような行政の方々，それから水道関係の民間の団体さんもいますし，水質検査をするような登録機関もあります．われわれのような研究機関もありますが，こういう人たちが，いろいろな立場を超えて，連携してやっていかない限りは，将来の不確実性も含めた困難な時代は乗り切れないだろうということで，今，いろいろな議論をしながら，より良い仕組みを考えていこうとしているところです．

それから，財務的な問題についても，いろいろと指摘されています．図10は，総務庁が2014年に出したものですが，「将来の投資の計画と財政計画で均衡を図ってくれ」と言っていて，特に財政計画の方は財務の方がされるのかもしれませんが，われわれ技術屋としては，やはり将来の投資計画について，しっかりとした考え方，投資のアイデアを示さなくてはなりません．アセットマネジメントも，将来計画の手続の中にしっかりと組み込んでいく必要があるだろうと思います．

また，水道事業の広域化を契機に，いろいろな施設への投資を合理的にするという一つのきっかけということはあるのではないか，ということも言われています．これを実現するためには，近隣事業体と何をどう連携すれば，お互いが利益を得られるかということも，考えなければいけません．

さらには，民間の企業と，どのような形で連携すれば，お互いメリットが得られるような仕組みがあり得るか，ということを考えていかなければいけないので，先ほどは人工の水システムは「単純系」と言いましたが，非常に難しい方程式を，これから現実社会の中で解いていかなければいけ

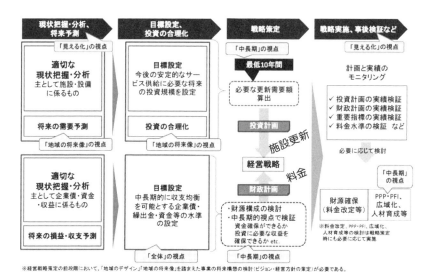

出典：総務省「公営企業の経営戦略の策定等に関する研究会」報告書．（2014年3月）
図10　経営戦略の全体像（総務省）

ません．

　これは，1人のスーパーマンが解けるわけではなくて，多くの方々が，いろいろな意見をできるだけ積極的に出し合って議論して，それを誰かが少しずつまとめていくことが重要です．いい事例は残して，できるだけいろいろな人たちに伝えていく，というようなことを少しずつ重ねていく以外には，なかなか，いいソリューションが見つからないのではないでしょうか．

　一度にベスト・ソリューションを見つけるよりは，ベターなソリューションを少しずつ見付けて，それを積み重ねていくことで，じわじわと日本流の，将来の日本を見据えたような水道を維持できるような仕組みというものを，皆さんと一緒に作っていく必要があると思っています．また，われわれは大学におりますので，どちらかといいますと，先ほどのようなデータ解析も含めたことから，皆さんと協力して，ぜひともやっていきたいと思っているところです．

6　世界の水供給問題

　海外の水関係では，インフラ輸出の話と，水の安全性というお話と，両

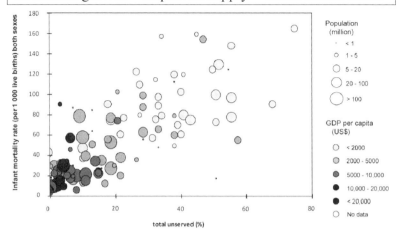

Figure 1. Global association between national access to improved water source, GDP and infant mortality. Data sources [6,20,66].
doi:10.1371/journal.pmed.1000361.g001   Hunter et al. Pros Medicine, 2010.

図 11　世界の国別整山された水源へのアクセス，一人当たり GDP と乳幼児死亡率の関係

方ありまして，全く無関係ではないのですが，やや性格を異にするような点があります．

これまでの日本の国際貢献は国際援助と呼ばれていましたが，最近は国際協力へと変わってきました．これは海外途上国も含めて，互いに協力し合う環境を作ろうということを目指している，ということで，そういう視点から少しお話をさせていただければと思います．

(1)　水供給と健康

これは先ほどの繰り返しになりますが，水は，水循環などの自然の科学の部分と，水そのものの科学の部分と，水を使う人間についての科学が，いろいろな形で協力することで安全な水の供給というものができると思います．

図 11 は『Pros Medicine』という雑誌から引用したのですが，世界で，水の供給と健康という問題がどのような関係を示しているかという図です．横軸は安全な水が供給されていない人口の割合です．これは「total unserved」と書いてありますが，驚いたことに 60% ぐらいの人が安全な水

が使えない国もあります．

　縦軸は乳幼児死亡率（Infant mortality）で，新生児1,000人当たりの死亡率となっています．これを見ていただければ分かりますが，両者には相関があるように見えます．相関関係と因果関係は違いますので，水だけが，健康ないし不健康と関係しているわけではないのですが，こういう関係があります．

　水供給がうまくいっていないところは，概して他の健康に関する投資，あるいは制度も十分整備されていないことも考えられます．図11の円グラフの色は1人当たりのGDP（GDP per capita）で，円の大きさは人口を表しています．

　人口との関連はあまり分かりませんが，やはり，収入の多い国はunserved の割合が少ないという関係があります．

　日本の国際協力が「何を目指すか」ということなのですが，健康問題を考えたら，やはり，乳幼児死亡率が高い国に対してどういうことができるか，日本の国際協力に関しても，そういう国と連携しながら少しでも改善する方策を考えていなければいけないということです．一方，世界銀行をはじめとして，水道分野では官民連携（PPP）を強力に推進しています．そのため，国によっては，いろいろな水道システムが混在する状況になっていて，そういう国に対しての国際協力・国際支援も，なかなか難しい時代に入ってきています．

　海外では「水に困っている」といっても，いろいろな困り方のパターンがあります．一つの事例はアフリカのような水がない国々で，植物もほとんど生えていません．水を得る手段としては，図12のようなポリタンクで運んでくるということですが，これが毎日の仕事になっています．また，ほとんどの国で，女性か子供が水汲みをしています．

　このポリタンクの容量は20Lぐらいですが，家族1人当たり毎日20Lを持ち帰って生活をしており，1家族の構成員は20人から25人ぐらいです．つまり，このポリタンクを毎日20本ぐらい持って帰らないといけないということです．

　先ほど，気候変動について述べましたが，やはり，こういう国に来ると，ローカルな気候の影響を痛切に感じます．雨季に行った場合と乾季に行っ

図12 水汲みに向かう女性, ブルキナファソ

た場合と，全く様子が異なっています．雨季は短いのですが，水があっていいと思うのですが，乾季に行くと，本当に乾燥しています．

7 世界の水不足

　アフリカだけではなく，特に乾燥した地域において，今，水不足は大変深刻になっています．オーストラリアは，最近は，雨が降って少しよくなったのですが，ここ5年から10年ぐらい，雨がとても少なくて，1911年から70年平均に比べて最近の降水量は4分の1に落ちているそうです．これが，いわゆる気候変動なのかどうか分かりませんが，オーストラリアは，あちらこちらに海水淡水化施設を造りました．

　降水量が減少すると，いろいろな影響を引き起こしており，オーストラリアで最も深刻な影響は山火事です．山林が乾燥しているので，あちらこちらで山火事が起き，拡大してしまいます．山火事が起きると灰が，たくさん出ます．その灰が風に飛ばされて水源ダムに入ってきて，水質が悪化することが問題になっています．これは，自然のサイクルというものは人間の想像を超えた影響があり恐ろしい，という気がします．

　『Guardian』というイギリスの新聞を見ると，「G20関連の中でオーストラリアが一番深刻な気候変動の影響がある」ということが書かれていて，そのためにオーストラリアは水源も含めて対策を取ろうとしています．

　水の問題が彼らにとって一番深刻で，中でも「人間が使う水と自然環境の水を，どうやって配分するのかということが，一番大きな問題だ」と書かれています．

私は，本日の講義の冒頭で，将来の気候変動の予測についてやや疑わしげなことをいいましたが，彼らにとっては，やはり将来の気候も問題ですが，今の気候が非常に問題で，それに対して，「Water Policy and Climate Change in Australia」というものを2012年に出して，この中で「気候変動は，水道事業の現在の経営目的やサービス基準を困難でコストがかかるものにする可能性が高く，適応過程で，経営目的やサービス基準を変更する必要がある」と，彼らはいっています．果たして日本でも同じかどうかは，よく考える必要があります．

オーストラリアで行おうとしているのは，緩和策としては代替エネルギーやエネルギー消費量の削減で，これは日本でも考えているところです．一つ違うところは，適応策として何をするかといいますと，日本と正反対といってもいいかもしれませんが，「自由度を高めることで変化に適応しよう」ということがオーストラリアの政策です．

これは何かといいますと，「水利権の市場取引を，もっと拡大しよう」ということです．オーストラリアには，National Water Initiative というものがあり，そこには，「『経済，社会，環境にとって最適の水利用』は時代によって変わる」ので，「そのための水の最適分配も変わる可能性がある」ということが書かれています．「それには，水利権を固定してしまうのではなくて，もっと自由に変化に適応できるシステムも必要だ」ということで，「中央政府による管理よりも，分散した使用者のほうが適切な管理が可能である」と書かれています．

また，「環境用水と人間の水利用のバランスが必要だ」といっているのですが，それに対しては「トリアージをする」といっているのです．トリアージとは，災害のときに，お医者さんが負傷者に対して，「この人は赤札，この人は黄色札」と付けるものです．それと同じで，維持・再生可能な環境と，もうだめなところに分け，「もうだめな環境は諦めなさい」と，赤札を付けてしまうのがオーストラリアの政策です．これは，日本とは大きな違いです．

それから，「炭素価格が水の価格に反映されるようなメカニズムが必要だ」ということです．最後に「水道事業の投資方針」を，彼らは「このような気候変動を考えながら見直す」といっています．

具体的には，いろいろな政策，緩和策，適応策があって，その中でどういうことが考えられるか，セクターごとに考えるということです．都市用水，ミネラルウォーター，環境用水，森林・農業など水利用分野ごとに評価し，それが現行の政策にどのような影響があるかということで，最後に優先づけをするという方法でやっています．

その結果，「水供給や水事業に対しては重要性が非常に高い」といっています．それから，水道資産関連の優先度が高く，生態系もやや高い，というようなことが出てきています．一方で，オーストラリアでは「トリアージをする」といっていますから，水が足りない状況に置かれると，水の供給をあきらめるという判断も出てくるということです．

8 世界の人口増加と水

世界を見てみると，乾燥した地域で，人口が増加しているということが分かります．世界人口は今 72 億人程度ですが，将来的には 100 億人を超えるぐらいまで伸びるだろうと予測されています．

例えばアフリカですが，現在 10 億人ぐらいの人口が，最終的には 36 億人ぐらいまで増えるのではないかといわれています．現状の人口でも水がなくて非常に大変ところに，もし人口が 3 倍に増えたときに，一体どうやって水を確保するのかということは，人類にとって大きな課題だろうと思います．

今後，都市部に人口がどんどん増えてきて，世界的にも，都市部と農村部の人口比率が入れ替わると予測されています．それから，地域的に見ると，アジアは世界人口の 60% ぐらいを占めていて，将来的にも世界人口の 60% ぐらいだろうといわれています．

一方で，世界人口に占める比率を大きく減らしているところはヨーロッパで，現在 10.4% です．100 年前のヨーロッパの人口は世界人口の 20% ぐらいでした．その後，ヨーロッパの人口は，あまり伸びていませんが，世界の人口が，この 100 年で，日本も含めてとても伸びましたから，ヨーロッパの人口比率は 10% ぐらいまで落ちています．

もう一つの特徴は，人口密度です．アジアは，世界的に見ても非常に人口密度が高い地域です．これについては，水源を開発して利用するという

ことを考えると，やはり非常に厳しい状況ですが，一方，インフラ建設するという意味では，人口密度が高いということは，実はメリットでもあります．なぜかといいますと，インフラは，やはり規模のメリットが効くので，非常に人口密度が低い国に作るよりは，人口密度の高いアジアの都市に作ったほうが効率はいいといえます．

その中で日本は人口減少社会になっていますが，海外は，まだ人口が伸びます．世界の人口増加，特に都市人口の増加を見ると2011年から50年で都市人口が52%から62%まで，全人口にして27億人増えるといわれているのですが，この増える人口のうち，いわゆる開発途上国では27億人から51億人へと24億人増加します．全世界で都市人口が27億人増える中で，途上国で24億人増えるということは，今世紀の都市人口の増加は，ほとんど途上国で起こるといっても間違いありません．

その証拠に，都市人口の割合が増えたトップ10というものがありますが，先進国で唯一トップ10入りしている国は，アメリカです．それ以外は，インド，中国をはじめとして，ほとんどがアジアの開発途上国になります．

こういう状況の中で，開発途上国では野外排せつの割合を減らして，衛生施設（トイレ）の利用割合を増やしたいのです．トイレを利用する人の割合は都市部の方が多いのですが，問題は，都市部において野外排せつをする人口が，まだまだ増加しているということがあります．これは都市部への人口流入が，トイレを造る速度よりも早いからです．

一例として，図13の新聞ですが，インドのムンバイで不足するトイレの問題が書かれています．皆さんがインドに行ったことがあるかどうか分かりませんが，この写真の中央にあるのがトイレです．こちらに仕切りがありまして，下が川になっていて，そのまま流されるというタイプのトイレです．記事によると，インドの半分以上の人が自宅にトイレがないということで，公衆トイレがありますが，ムンバイでは，お金を払わないと使えないということです．そのため，特に女性は，できるだけお金を節約するためにトイレを使う数が減ってくるということで，それで体調を壊す人がいるのだ，というようなことが書かれています．

水に関しても非常に大きな問題で，これもインドですが，乾燥した地域

図13　衛生施設の現状と改善の必要性（インド）

です．これは，井戸に人が水汲みに集まっているというような状況が，まだまだあります．このような中で，きちんとした水道施設を作って水供給するということが，いろいろな地域で非常に喫緊の課題ではあるわけです．いろいろな国で成功例というものも幾つかありますが，なかなか苦戦しているという実態です．

　これはベトナムのハノイの事例ですが，水道施設がないのでどうするかといいますと，各家庭が塩ビパイプを引っ張っていって，近くのため池の中に塩ビパイプと水中ポンプを差し込んで，自分の家庭に個別に水を引っ張ってくるというような状況になっています．

　これらの地域では，水道管が電線と一緒に電柱にかかっているという，

図14　ハノイ市における水道管の破損事故

図15　ハノイ市の家屋における砂ろ過装置（茶色い壁面の部分）

とても奇妙な光景ですが，このような配管をしています．しかも，各家庭でこのような配管をやっているのです．これは投資から考えると非常に無駄で，本当は，その地域全体で，何とかしてきちんとした水道を造ればいいのです．しかし，なかなか水道施設が作れないということで，個別にこういうものを作っているという状況が，まだまだ存在しています．

水不足を補うために，ハノイ市の西方から水道水を送水するための大規模な送水管を造ったのですが，6年間で大規模な破裂事故が18回ぐらい発生しました（図14）．つまり，毎年，2〜3回破裂しているのです．そういう実態があるので，今，人口がしきりに増えている都市の周辺部では，水供給が全く追いついていないというところが，たくさんあります．水道管を造っても，頻繁に破裂しているので，いつ水が来るのがよく分からないということで，皆さん，自衛手段に出ています．

各家庭が独自に水を取ってくる場合は，やはり水質問題があるので，各家庭にいろいろな浄水器といいますか，水処理装置が普及しています．

昔からあったものは，屋根の上に砂を詰めて砂ろ過をして水を供給するものです（図15）．これは，ここに砂ろ過があるぞと分かるのです．なぜ分かるかといいますと，壁が茶色いでしょう．茶色い壁の向こう側は，大体砂ろ過です．なぜ茶色くなるかということはお分かりになると思います

図 16　家庭用浄水器（セラミックフィルター，ベトナム）

が，ほとんど砂を入れ替えたり掃除したりしないので，一定期間たつと必ずオーバーフローしてあふれるのです．地下水は鉄が入っていますので，あふれた水がこの壁を伝っていった後に日差しで乾燥すると茶色い壁になるというようなことで，大体どこにあるか，これは外から見れば分かるのです．きちんとメンテナンスすればあふれることはないので，このようにはなっていないのですが，ほとんど，どこの家庭でも，こういう形であふれているということになります．

　各家庭でいろいろな浄水器が普及していますが，図 16 はセラミックフィルターです．図 17 は逆浸透膜が付いた浄水器ですが，台湾製や韓国製が非常に普及しています．

　それで本当にきちんと処理ができるのか見てみたのですが，実は，水中のヒ素の問題がハノイではありまして，大腸菌のようなものも気にはなるのですが，基本的に沸騰させて煮沸して飲むという習慣があるので，一番気にしていることはヒ素の問題です．

　WHO の基準で 10 ug/L というものがあるのですが，地下水はそれを超えているようです．水道水も，超えている場合があるのですが．それを，先ほどいったような家庭用の浄水器でどれぐらい処理ができるのかということを調べてみました．こちらは砂ろ過で処理した水で，こちらは逆浸透膜を使って処理した水ということで，この両者を調べてみています．

　まず砂ろ過で見ると，砂ろ過は，それほど除去率が高くなくて，図 18 の左図中の△印は総ヒ素で，この○印が三価のヒ素になります．水質化学の話で細かくて恐縮なのですが，ヒ素は三価と五価があって，三価のヒ素が酸化されると五価のヒ素になりますが，三価のヒ素から五価のヒ素にな

図17 家庭用浄水器（逆浸透膜，ベトナム）

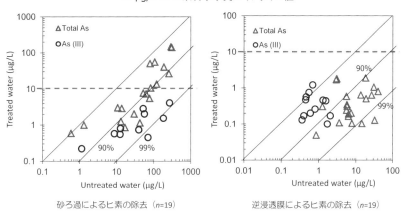

砂ろ過によるヒ素の除去（n=19）　　　逆浸透膜によるヒ素の除去（n=19）

図18 砂ろ過と逆浸透膜ろ過によるヒ素（As（III）と Total-As）の除去

ると，除去しやすくなります．

　図18の右図は逆浸透膜です．逆浸透膜は非常に除去率が高いのですが，実は三価のヒ素があまり取れないということで，砂ろ過したのちに逆浸透膜にかけると全体的に非常にうまく除去されています．

　図19は大腸菌です．原因はよく分からないのですが，砂ろ過処理すると実は原水よりも高くなってしまうデータがあって，砂ろ過の管理に非常

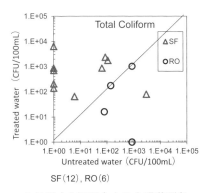
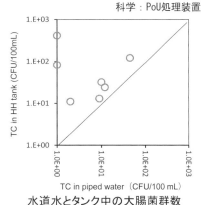

未処理水と処理水中の大腸菌群数　　水道水とタンク中の大腸菌群数
SF:砂ろ過、　RO:逆浸透膜処理

図19　砂ろ過，逆浸透膜ろ過および家庭内貯留による大腸菌群濃度の変化

に問題があるのかと思います．それから，水をためている貯水池，タンクの中も大腸菌が原水よりも高くなっているというものがあって，今，いろいろな形で小規模な処理施設が普及していますが，その役割，位置づけというものは，今のところ安全な供給水源と位置づけられていないのですが，これから，もしかしたら，特に途上国では，非常に大きな役割を果たすようなことがあるかもしれません．

それ以外に，もう少し低所得者の多い，例えばアフリカのようなところでは，図20に示すようによく知られていますが「Life Straw」といって，ストローの中にフィルターが入っていて，ろ過できるものがあります．あとは「Ceramic Pot Filter」とよばれる，植木鉢のようなものでろ過したり，「Solar Disinfection」といいますが，太陽光を使って消毒するような機械もあります．

簡単に水を処理するシステムということで，われわれはセラミックろ過を持ち込んで，どれぐらいきれいになるかということでやりました（図21）．図22のいちばん左は，現地の人たちが飲んでいる水です．しばらく静置して沈殿させると，写真の中央ぐらいまでにごりが低くなるのですが，それをセラミック膜でろ過すると，写真右ぐらいきれいになって，「このお水は，おいしい」といって飲んでくれています（図23）．

この簡単なシステムは，先ほどの写真のように水を入れたバッグを木の

科学技術：途上国に適した水処理技術の開発

Life Straw

Solar Disinfection

Ceramic Pot Filter

図20　開発途上国向けの簡易な水処理装置

図21　アフリカにおける簡易なセラミックろ過実験

図22　アフリカの地下水（左），沈殿水（中央），セラミック膜ろ過水（右）

図23　セラミック膜ろ過水を試飲する現地の人

上に引っ掛けて，セラミック膜でろ過すると，10分たらずでバケツ一杯の水が出てきます．こんな小さな装置では特に動力はいりませんので，こういうもので安全な水が供給できないかということを考えているわけです．

このように新しい技術が出てくるわけですが，安全な水を供給するためには，水中にあるいろいろなものを除去しなければいけないわけです．砂や粒子もありますが，少し小さくなると原虫や細菌，ウイルス，それから有機分子，ヒ素などのイオン性の物質です．こういうものを除去して安全な水を供給しなければいけないわけですが，粒子の大きさによって，やはり対象とするような処理技術が異なっています．数ミクロン以上であれば普通の処理，凝集沈殿のようなものが使えるかもしれませんし，もっと小さくなると，何らかの形で高度な処理をしなければいけないということが

あるかもしれません.

それ以外に, 個別の技術でいえばいろいろな方策があって, 例えば小さいものであったら凝集して大きくすることで除去することができます. 微生物のように生きているのであれば, 消毒技術が有効です. また有機物は, 分解あるいは, 吸着して除去しましょう等, これらの技術を組み合わせて, われわれは水をきれいにしているわけです.

ところが, 水を処理して供給する水道という考え方でいくと, 非常にミクロな世界に起きているような現象を応用した技術をスケールアップするということが, どうしても必要になります.

ですから, いろいろな新しい技術を使うことを考えたら, その技術できれいな水は作れるということも, もちろん重要なのですが, 「一体, それが, どういうふうにすればスケールアップができるのか」, この障壁を超えないと, 新しい技術, 環境に優しい技術, エネルギーがなくても処理できる技術というものが, なかなか実用化できないだろうということになります.

先ほどお見せした家庭用浄水器に使われる技術ですが, こういうものも, 特に大きな工夫はなくできるわけで, 水槽の中にセラミックフィルターを入れていますが, 透水性がいいので20 cm ぐらいの圧力でも水はろ過できます. 1日20 L ぐらいの水であれば, それほど苦労せずにろ過できるわけです. それにしても, このレベルだと家庭用には使えますが, それ以上大きな人数になると, なかなか使えないということと, 「家族が20人います」となると, やはり, もう少しスケールアップするようなことも考えていかなければいけません.

最後に, 少しだけ水の科学の話をしたいと思います. われわれが今考えていることは, 問題解決するにはいろいろな方策があるだろうということです. 例えば, いろいろな制度を変えるということもあるでしょうし. でも, もう一つ鍵になるものは, 今までにない技術を開発して, それを現場に適用するということです. そういうことが必要だろうと思います.

これは, 皆さん水の専門家が多いので釈迦に説法だとは思いますが, 水には三態あります. 中でも水素結合という結合で水の分子が結合しているところが, 水の分子的な特徴です.

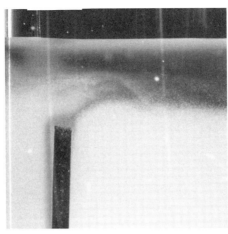

図24 親水性膜の周辺に形成された粒子排除領域（Zxclusion Zone）とその浮上により得られた上澄水

水素結合は，非常に結合力が弱いわけですが，たくさん結合するということで全体的には非常に強い結合力を持つということと，特に生体の非常に重要な分子が水素結合で保たれているということが知られていまして，非常に重要な結合です．

最近，ここ10年ぐらいですが，アメリカの研究者たちによって，実は，「水のミクロの挙動として親水性の界面との間で粒子を排除するような傾向がある」という論文が，複数，出てきています．これについては，われわれも少し調べています．これは顕微鏡写真ですが，粒子があって，粒子の親水性粒子の界面に，彼らは「Exclusion Zone」といって「EZ」と約していますが，「数百ミクロンの厚さの粒子を排除する領域が現れる」といっています．

図24は，われわれが撮った写真ですが，非常に親水性の強い膜——これはNafionという膜を使っていますが——の表面に，粒子を排除した領域が現れるということが分かっています．

その領域の特徴をいろいろな人たちが調べていますが，実は，「この領域が紫外線を吸収する」という論文が出ています．通常，水は，赤外線は吸収しても，紫外線はほとんど吸収しないのですが，この非常に狭い領域の紫外線を測ると吸収するというようにいっています．

これは違う粒子，たとえばCarbon blackで測っても，やはり親水性膜

の表面で濃度が低くなります．なぜ，こんなことが起こるかというような
ことに対しては，まだ確定的な説明はないのですが，「光を吸収して，そ
の光によって水分子の配列が置き換わるのではないか」ということが，今
のところ一番有力な仮説になっています．それを証明するようなデータも
幾つか出てきています．

　親水性膜の表面に形成されるのは数百ミクロンの厚さの水なのですが，
「何とか，もう少したくさん，きれいな水を回収する方法はないか」とい
うことで，いろいろと検討しました．その結果，図23に示すように親水
性の膜を使うと，上の方に非常に濃度の低い層ができるということを，わ
れわれのグループで見付けています．

　このような現象が「なぜ起こるか」ということなのですが，これは親水
性膜を入れることによって，粒子と水と親水性膜の状態が平衡状態から乱
された状況になります．そうすると，非常にミクロなレベルで流れが生じ
てくるのです．この流れの中で，この膜の表面にできた非常に密度の低い
粒子を排除した水をうまく上で回収してやれば，レベルできれいな水が得
られるだろうということです．

おわりに

　最後になりますが，われわれの研究グループでは，ガラス管の中に親水
性の膜を入れて，下から上に水が通ったらどうなるか，ということをやっ
てみました（図25）．そうすると，水が親水性膜で回収できています．除
去率でいうと99％以上コロイド粒子が排除できる，ということが分かり
ました．

　連続的に水を流して処理ができるかどうかを検証するため，とりあえず
8時間ぐらい水を流してみたのですが，8時間たっても，粒子が除去され
た清澄な水が得られるということが分かりました．

　これは，まだ基礎的な実験ではありますが，世界の様々な地域で水に悩
んでいる人たちがたくさんいます．その方たちに水を供給する必要がある
わけですが，そもそも非常に限られた水しか使えない地域において，しか
も動力源がないわけです．われわれは，雨が降らないということは何かと
いうと，「水がないということでしょう」としか思わないのですが，雨が

図25 親水性膜を用いたコロイド粒子の分離装置：上向流で通水すると四角枠で示すように清澄な水が得られる

降らないということは木も草も生えないということなのです．木も草も生えないということは，燃料がないということなのです．

だから，乾燥地域に住む人々は，少ししか生えていない木を一生懸命に集めてきて，家の裏にストックしています．それは，薪として燃料にするために必要なのです．だから，雨が降らず水がないということは，つまり燃料がないから調理ができない，水を沸かすことができない，ということにもなって，雨が降らない地域では非常に生活が困難です．

そういうところで，少しでも水から来る健康問題を避けるために，皆さんができることはいろいろとあると思いますが，われわれも，水処理の科学の面から，今ある技術を見直して，あるいは，新しい技術の提案があれば，それを現場に適用するためには何をしたらいいかということを考えて，少しずつですが，新しい技術を開発しながら，動力がないところでも使えるような水処理システムを開発していきたいと思っています．

Q&A　講義後の質疑応答

Q　最適な水道事業のあり方というものがあって，その1例として，最後には

「広域化といった動きがある」ということをお話しされたかと思ったのですが，現在は，水道事者というものは，基本的に自治体という形でかなり細分化されていて，各事業者は，その地区内，その自治体の中での水道が最適に運営されるということを，基本的には考えているのかな，ということがあります．

一方で，「最適化」とは，もっと自治体を飛び越えて，広域化なり何なりを考えなければいけない，「最適化がどうあるか」ということを考えなければいけないということで，ある市町村に有益なことが，例えば，もっと地域スケールを広げて見たときに，もっと広域に考えたときに，日本全体で見れば「そんな水道は，潰してしまうほうが利益がある」など，その地域スケール，あるいは時間スケールの幅を変えたときに，最適なものが若干変わってくるのかな，と思いました．

そういう意味で，自治体を飛び越えた水道事業のあり方を，誰がリードして考えていったりすることが最適なのか，そういうことが今後の課題ではないか，と感じています．その辺り，何かご意見といいますか，ご教授いただけることがあれば，いただきたいと思います．

A　おっしゃる通りですが，なかなか，やはり全体として最適でも，個別の事項を考えると，それぞれに損得もありますし，皆さんが全て同じ方向のベクトルを同時に向くということ自体，難しい点がありますね．

それを，「どのような形で，皆にとってより良い方向を向いてもらうようにするのか」ということは，いろいろな立場の人たちが，もっと議論をかさねなければいけないでしょう．また，表現は悪いですが，「あめとむち」というやり方も，もしかしたら，あるかもしれません．それから，できるだけ長期的なメリットを，誰かが冷静に計算して，お示しするということもあるでしょう．また，いろいろなところで先進的な取り組みをしている事例を，できるだけ全国に発信していくということも重要です．いろいろなことをやりながら，少しずつ変えていくということです．

やはり，これまでの社会や自然状況に対しては，ある意味では最適化した仕組みを作ってきたわけです．将来の環境変化を見越して，それを変えるためには，またもう一つ一山を越えないといけません．その山を，皆で乗り越えていけるような体制や仕組みを作って，皆が何とか気力と財政力が残っているうちに，改革を進めたいと思います．

水道は，下水もそうかもしれませんが，何といっても規模のメリットが効く分野なので，その規模のメリットを生かしながら，でも，地域にとっていろいろな特徴なり事情があるでしょうから，それも考えながら，どのような解を見つけるかというところが，難しいところかもしれません．全国一律で全部同じ解というようなものは，なかなかないので，それぞれの地域に適した方法を見つけなければなりません．

Q　世界の人口増加は水インフラが整わなければ，とまるのでしょうか？
A　水が制約因子になって人口の伸びが止まったということは，多分，ほとんどないのではないかと思います．ただ，地域的に水に非常に依存度が高いところで，水が枯渇して使えなくなってしまって，人が移動した，あるいは移住した，産業が変化したなどということは，もしかしたら，あるかもしれません．しかし，世界的なレベルで見て，水が制約因子になって人口の伸びが止まるということは，恐らく，今の状態では考えにくいのではないでしょうか．

逆に，乾燥している地域の方が人口増加率が高いということが，恐らく現実だろうと思います．中東もそうだし，カリフォルニアも増えているし，オーストラリアも増えているし，何といってもアフリカで増えています．だから，水がないところの方が，実は，今の状態では人口増加は激しくて，それが，またもう一つの非常に大きな課題になっているのではないかと思います．

Q　親水性表面による粒子排除のところで，ちょっと2点，質問させてください．

一つめは，粒子を排除するということだったのですが，どのぐらいの大きさまで排除できるのでしょうか．極端にいうと，「水に溶けているようなものまで取れるのか」ということが1点です．

二つめは，今のご説明ですと，「光のエネルギーで，どうも，そういうことが起きているのではないか」というお話でした．例えばROなどでも，普通に分離するときもポンプでエネルギーを入れて分離をしていますが，それと比べて，エネルギー的なお得さといいますか，フィージビリティ・スタディが，もしさ

れていれば，そちらについても教えていただければと思います.

A　溶けている方は，コロイドだけでなくイオンまで除去できますので，海水淡水化はできませんが脱塩には使えます.　ただし，除去率は低いです.われわれの測定では60%ぐらいです.　やはり，塩分除去率の高い脱塩技術ではなく，1段で塩分をきちんと除去するということは，水が混合したりするので，現時点では難しいと思います.　粒子の方は非常に高い除去率までいくのですが，塩分の方は残念ながら60%ぐらいです.

　もう一つ，海水淡水化になかなか簡単には使えない理由は，塩分濃度が高まってくると，このEZ現象が生じなくなります.　ですから，そこそこの塩分濃度で測ると60%ぐらいは除去できるというところで，海水のように非常に塩分濃度の高い水の脱塩に使おうとすると，まず，この現象は生じないので，何も起こらないということになってしまいます.　だから，この現象が塩分を排除できるからといって，ただちに海水淡水化のようなものに応用できるわけではありません.

　ただし，普通の淡水であれば，溶存しているような汚染物質でも排除できる可能性はあります.　イオンでも除去できるので，溶解性の低分子でも除去できるだろうと思います.　ウイルスや大腸菌のようなものは除去できます.

　エネルギーは，ほとんど必要ありません.　ただし，親水性の膜がどれぐらい継続的に使えるのかというところは，チェックしないといけないだろうと思います.　われわれが長時間やったものは8時間ぐらいで，連続通水してコロイド粒子の分離は99%ぐらいですから，粒子であれば排除できるということは確認しました.　でも，本当に使おうと思ったら，8時間ぐらいではだめですね.　もっと長期的に，きちんと使えないといけません.だから，まだ今の段階では，「こういう現象があるということを確認した」というぐらいのレベルです.　それを応用するということは，もう一つ次の段階を考えていかないといけないです.

　でも，8時間や10時間，あるいは数日使用できれば，そのあとで膜を再生するということもできるかもしれません.　今後は，これらの点を検証していきたいと考えています.

第8講

水の再利用

田中宏明
京都大学大学院工学研究科教授

田中宏明（たなか　ひろあき）

1978年京都大学工学部衛生工学科卒業．80年京都大学工学研究科衛生工学専攻修士課程修了．
80年建設省都市局公共下水道課，86年建設省土木研究所下水道部水質研究室研究員．87年同主任研究員94建設省土木研究所下水道部水質研究室長．91-93年カリフォルニア大学デービス校（University of California, Davis）土木環境工学科留学．2001年独立行政法人土木研究所水循環研究グループ上席研究員．2003年京都大学大学院工学研究科附属環境質制御研究センター教授．2005年同附属流域圏総合環境質研究センター教授．

1 増大する世界の人口と水需要

　世界の人口が急速に増えそれに伴って，使用水量が増えるだけでなく，都市化，経済成長のためにさらにエネルギーも必要になってきますし，生活レベルを上げるためにも食糧生産の増大も必要になってきます．つまり，食べ物を作るのには水が要り，エネルギーを作るにも水が要ります．生活レベルを上げるための水がますます必要です．水とエネルギーと食べ物は相互に関係しており，「Water and Energy, Food Nexus」という概念が，世界の「水は極めて重要」というスローガンにつながっているのです．世界的な水供給は，人口増加速度に追いつかず，地域の人口増加と経済発展による水需要と水供給の差が広がるところが多く，世界的な水の賦存性は均一ではない上，今後の気候変動でますます地域による遍在が問題となります．

　これまでであれば，ダムあるいは地下水を水資源開発して何とか需要と供給を満たしてきましたが，我が国でもついに水資源開発のためにダムを新しく建設することが極めて困難になりました．その一番の理由は，環境の問題と最適地確保困難などの問題などで限界がきています．

　我が国の伝統文化では，現在の「水の使い方」と違っていたわけです．例えば，長良川の上流にある郡上八幡は，水が豊かで湧水もたくさんありますが，昔から水舟によって，カスケード的に使っていたのです．最初の槽は，飲料水に使い，その次の槽は野菜を洗い，食器などに使い，その次の槽は洗濯物や掃除に使い，さらにその下の池では残っているものは魚に食わせます．要するに，カスケード的な水の利用は，用途に応じて順番，順番に使う水の利用で，使ったあとに，次に使う人のことまで考えていたわけです．

　それが，豊かな水を誰もが恩恵を得るように近代水道が敷設され，われわれの生活レベルが上がったのですが，水は1回使って捨ててしまう文化に変わりました．また使った排水は，今では下水道で集められた後，処理されていますが，数十年前には下水道がないところが当たり前でした．この30年余りで下水道がほぼ完備すると，水道水を1回使い，すぐ下水道に捨ててしまう生活に皆，満足しているわけです．これが，「豊かな生

活」ということになっていますが…….

　このような水の使い方は本当に持続可能か, 将来の水の利用はどうしていくのかというのが今日の話題です. 使った水は水質的レベルは下がりますが, 今は, 河川や海などに捨てるために, 水質レベルを上げています. それを水質保全としているのですが, 将来は恐らく, 放流水質レベルは様々な理由で厳しくなります. するとこの水質レベルは, 飲めるまではいかなくても, 様々な水の利用用途に使える可能性があります. つまり, 「捨てる」ためにではなく, 「使う」ために処理をする, 「水を再生」するということになります.

2　水の再利用の意義

　かつて我が国は, 都市への人口集中や産業構造の変化等から, 水の過剰な利用により, 水質汚濁の進行が各地で見られ, 公害問題, 生態系への影響など, 数多くの水環境課題を抱えていました. このため, 環境基準の設定と監視, 排水規制の実施, 下水道を中心とした生活排水対策の推進, 面源負荷対策や河川の直接浄化対策など, 汚濁負荷削減による水環境保全対策が進められてきました. その結果, 健康項目の環境基準はほとんどの水域で達成し, 河川での生活環境基準項目として使われている生物化学的酸素要求量（BOD）の達成率も年々高くなり, 水環境の改善が確実に進んでいます.

　しかし生活環境の保全に係る環境基準項目である化学的酸素要求量（COD）は, 湖沼や内湾等の閉鎖性水域において改善が不十分です. また, 貧酸素水塊による底層の溶存酸素量（DO）低下等により水生生物の生息に障害を生じている内湾や湖沼もあります. さらに環境基準の達成状況と比べ, 水環境に対する国民の満足度は低い状態です. 生活で使われている未規制の化学物質, 例えば医薬品類や洗剤などが低濃度ながら, 多くの水環境中で検出され, 市民に不安を呼んでいます.

　水辺は, 人と水とのふれあいの場としても重要です. 市民からは「泳げる」水環境が求められていますが, 現在, 環境基準として使われている大腸菌群数が環境基準値を大きく上回る河川の地点が多いにもかかわらず, これまで水域の環境基準の達成率は評価されていません. 一方, 東京湾や

琵琶湖などでの最近行われた調査から，ヒトに由来する腸管系ウイルスが見つかっています．特にノロウイルスによる流行が起こると，患者の排泄物から下水道などの排水処理施設に高い濃度で流入していることが分かってきています．下水処理でウイルスは，大きく減少するのですが，全てを処理できるわけではないため，一部が水環境に出てきます．このことで，水辺のリクレーションや水産養殖などへの影響を及ぼしていないのかが懸念されています．

　人の健康の保護とともに水生生物の保全のための環境基準項目の設定は，我が国では遅れていましたが，2003年に初めて設定された全亜鉛に続いて，界面活性剤に由来するノニルフェノールや直鎖アルキルベンゼンスルホン酸（LAS）が追加されるなど，今後も大幅に項目数が増加すると見込まれています．

　一方，温暖化・気候変動をはじめとする地球規模の環境問題，世界的な人口爆発や産業の進展による，水，資源，エネルギー問題は深刻化し，従来の大量生産・大量消費・大量廃棄型の社会の限界を示しており，東日本大震災も契機となって，環境負荷の少ない循環型社会の構築が我が国の重要な課題となっています．このような状況において，公共用水域の水質保全を図る際にも，エネルギー消費量削減などへの配慮も必要です．しかし処理過程でのエネルギー消費量は，一般に処理水質とトレードオフの関係にあるため，求められている水環境改善のために水質レベルを上げることは，エネルギー節約とはコンフリクトが生じる可能性があります．

　20世紀，都市は身近な水資源の量的限界から，次第に量的条件や質的条件の満たされる遠隔地から水を導水し，給水してきました．我が国の大都市への水供給事業の多くは，表流水を多量に取水するため，長距離輸送されるとともに，全て飲料水質基準を満たすよう浄水し，莫大なエネルギーをかけて都市に給水しています．一方，我が国の都市で使われた水は，今やほとんどが下水道に取り込まれ，十分な希釈容量を持つ水域の環境基準を満足するよう生物処理レベルが設定され，下水処理水のほとんどは水環境に「捨て」られてきました．20世紀に発達したこのような「一過型」の水利用システムは，大量取水による河川水量の減少，都市排水の集中，水供給や下水処理における莫大なエネルギー使用，水道水源や水環境での

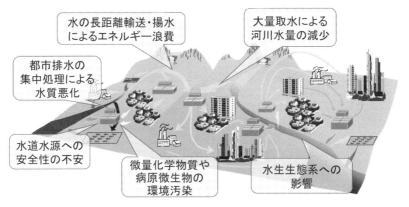

図1 20世紀型の都市水利用システムの弊害

微量化学物質や病原微生物汚染によるヒトの健康や水生生物に対する影響の懸念等，様々な問題を抱えています．「20世紀型」の都市水利用システムの問題を解決し，かつ世界的に21世紀に予想される水資源の量的不足と質的悪化に対応するために，従来の都市水循環利用システムの再構築を目指す必要があります（図1）．

「両方を解決する方法がないか」が課題であり，その解決法の一つが，水の使い方そのものの見直しです．工場は，地下水の汲み上げ規制や，排水規制などに対応するため，既に繰り返し水を使っていて，回収率は80％ぐらいに達しています．しかし，我が国の場合には，下水処理場の処理水量は，場外では，そのわずか1.3％ぐらいしか使われておらず，どう考えても我が国の都市は一過型の水利用です．

水の再利用の意義を，浅野孝先生が書かれた本などから整理すると，まず「リサイクルした水は安定した水資源」で，都市は安定した水利権を持っていますから，かなりの渇水でも，ある程度水供給を受けられます．つまり，使われた排水の量は，安定しているのです．渇水がきても下水処理水量は大きくは変わらないため，水資源として量的に安定というわけです．第二は，「農業資源」的な価値として下水処理水には窒素やリンなどが含まれているため，使える資源ということです．第三に，新しい都市を作るとき，水のインフラが必要ですが，上下水道に加えて，始めから水の再利

用を考えると，繰り返し利用分だけ，上下水道ネットワークの容量が少なくて済む，つまり，「地産地消の水」を使うという発想です．第四は，「水生生物のための水」などという視点からは，自然の水循環系から都市の取水量を減らすことが重要です．そのために水の再利用が重要です．第五に下水処理場からの汚染物の排出負荷量を減らすためには，エンドオブパイプで対応することの他，水の再利用を進めることで，排出量も減らせるわけです．第六は，水道などで水を長距離運ぶエネルギーと比べて，水の再利用での処理や輸送のエネルギーと，どちらが得かが注目されています．

　最近，出された国土審議会の水資源開発分科会の報告書では，水の供給だけでなく，「利用，処理，水環境に戻す」までを「水資源」と定義し，さらに，水を供給する施設から排水施設までを含めて「水インフラ」と呼んでいます．また水の再利用の役割は，水資源としての意義に加えて，汚染物質の排出やエネルギーの抑制としての役割もあることを認め，水の再利用を，「計画的に」進めることが初めて書かれました．

3　多様な水の再利用用途

　まず我が国での再利用の用途については，トイレ用水等の都市用水の他に環境用水が多く，我が国が恐らく最初に都市で本格的に使ったのではないでしょうか．また，再生水の熱利用も 1990 年頃から始まり，消雪用水や熱源用水として使われてきました．一方，農業用水や工業用水は，あまり利用が進んでいません．

　我が国の再生水利用は，1978 年，福岡で大渇水があったことを契機に，1980 年福岡市で床面積が 5,000 m^2 以上のビルでは二重配管によって，再生水や雨水の利用を義務づけて，トイレの洗浄用水などの利用が始まりました．

　続いて 1984 年東京都でも，1 万 m^2 以上の床面積のビルに再生水や雨水の利用を義務づけました．特に，新宿副都心の再開発に必要な水の確保のため，下水処理水の再利用がスタートし，そのほとんどはビル内のトイレ洗浄水に使われています．

　雑用水利用という形で建物内での雑排水の個別循環による水の再利用も，建築設備として実施されています．建物内の循環利用では再生水にはし尿

を含まない雑排水が再生利用されますが，下水道での再生水利用ではし尿を含む下水処理水から再生水利用をしています．

　下水処理水はトイレ用水の他にも，ゆりかもめ等の洗浄水としても再生水が利用されています．また名古屋の堀留の下水処理場近くにある植物園でも再生水と下水熱が使われています．工業用水の例では，横須賀市の火力発電所の冷却用水に隣接する下水処理場の再生水が使われています．また東京都芝浦下水処理場から再生水を汐留地区に送って，ヒートアイランド対策のために再生水を路面にまいています．

　一方，札幌市では，市内で集められた除雪された雪を溶かすために水路に下水処理場の処理水を流しています．千葉市の幕張地区は，流域下水道の花見川第一処理区と第二処理区との間をつなぐ放流管が通っているため，下水処理水の熱利用が 1990 年から始まりました．日本のヒートポンプの中で，一番エネルギー効率が良いといわれています．

　大阪市では，大阪城のお堀の修景用水に，下水処理場の放流水が使われています．

　1984 年東京の野火止用水や玉川上水を流れていた水が都市化等でなくなったため，用水の周りの住民が水路への水の復元を求めました．多摩川から新たに水を送る河川水量はなく，東京都が多摩川上流流域下水道の処理水を環境用水として利用するため，下水処理水を砂ろ過後，オゾンをかけて，水路に戻すことになりました．

　落合下水処理場では，子供が水浴びできるように逆浸透膜を使って再生水を作っています．東京の他，大阪や神戸でも同じような再生水事業が行われています．

　我が国での再生水の農業利用は，これまで水田利用で行われています．熊本市で一番大規模に行われていて，一旦農業用水路に放流水を放流後，下流で取水してもらうやり方です．四国の多度津町は，再生水を一旦農業用のため池に入れてから利用するというケースです．これまでは，水田利用でしたが，今後，沖縄県では，畑地灌漑への再生水の利用が出てくると思われます．

　日本では，先ほど言いましたように，下水処理水は 1.3%くらいしか場外で再利用されておらず，イメージからは水洗トイレが多いように思うの

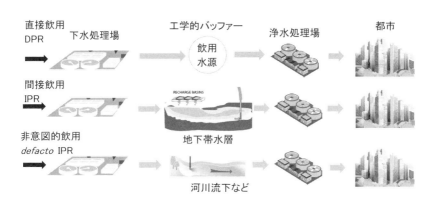

図2 再生水の飲用利用の変化

ですが,水量的にはオープン利用として環境に流すものが多く,河川維持用水,融雪用水,修景用水に多く使われているのが特徴です.

一方,海外ではどうなっているのでしょうか.圧倒的に再利用比率が多いのは,農業用水と工業用水です.環境用水利用もありますが,我が国ほどの比率ではありません.また飲み水に使っている用途もあり,地下水や貯水池など間接的に水道の水源として使っています.

非飲用利用で面白い例を示しますと,シドニーの Sewer Mining です.シドニーで2010年ぐらいから始まった再利用のプロジェクトの形です.オーストラリア東部は,渇水に見舞われ,将来の水がなくなることを心配し,ブリスベンなどは,水道水源に再生水を補給し,間接的な飲み水利用を行おうとしていました.一方,シドニーは,将来の水事情を考えて,下水処理場ではなく,ビルやゴルフ場の事業者が近くの下水管から下水を取水し,その場で水処理して再生水を自ら作り利用しています.処理した後の汚泥は下水管に許可を受けて再び戻します.水再生は膜分離活性汚泥法(MBR)を遠隔監視で運転して,建物中と建物周辺への散水用,特に修景用水等に再利用を行っています.

図2に示すように再生水の飲料水利用は,これまでは間接的飲料利用(Indirect Potable Reuse: IPR),つまり,地下水や貯水池に再生水を涵養後水道水源とする間接的な利用が行われてきており,一番有名な例は,米国カリフォルニア州のロサンゼルスやオレンジカウンティでやっている,地下水涵養です.地下水を汲み上げたさいに,海水が地下水に侵入しない

ように再生水が入れられてきましたが，地下水の汲み上げ量が増え，涵養する再生水量も増えていますので，地下水からくみ上げる飲料水の原水に含まれる再生水の割合が増加しています．

シンガポールは，NEWater として有名ですが，マレーシアからの水の輸入量を減らすため，輸入する水に加えて，雨水，海水の淡水化そして再生水を4つの水資源として利用しています．再生水は，当初計画よりも少ない割合しか，水道原水に利用しないで，むしろ工業用水としての利用を増やしていると聞いていますが，いざという時には，飲料水へ回す量を増やすことができるようです．

我が国でも非意図的な飲料水利用の例として淀川水系があり，京都府で150万人，滋賀県も100万人くらいの下水処理水が下流の大阪や兵庫県南部の水道水源に放流されているわけです．量的には下流の水道水源の大体10% 以上は下水処理水が含まれています．

再生水の IPR は，米国では数年前から直接的飲料利用（direct potable reuse: DPR）に変わり始めています．再生水の飲料水利用には，逆浸透膜や促進酸化処理を組み合わせるなどほとんど純水に近い水質レベルにまで処理を加えていきます．地下水にこのような超高度に浄化した水を入れると，他の水源に由来している地下水と比べて汚れるのではないか，わざわざ汚れた地下水や表流水と混ぜる必要はないのではないかという議論が起こっています．

一方，直接的な飲料水利用は，アフリカのナミビアでは1968年から実施されてきました．これは例外中の例外だったのですが，米国でも，同じことが起ろうとしています．最近，National Water Research Institute から WHITE PAPER が出され，DPR は，IPR よりも科学的に合理性があると主張され，これが DPR を進める大きな要因の一つです．また，カリフォルニア州では，州の北部から南部に高い山を越えて水を運んで来ていますので，水の輸送に非常に大きなエネルギーを使っています．水の輸送に使っているエネルギーを再生水製造に使用したほうがエネルギーは得なのではないか，あるいは海水淡水化を行う際のエネルギーや環境影響を考えると，DPR の方がよいのではないかという論理です．

さらに，州北部のサンフランシスコ湾付近はデルタとよばれる低湿地が

あり，汽水環境が形成されていてデルタスメルトと呼ばれる魚の貴重種が生息しているため，これ以上州北から南に水を送ることは，生態環境上，ほとんど無理なのです．さらに軟弱デルタには，地震を起こす断層が走っていて，もし地震が起こると堤防が崩れ，海水が侵入し，南部に送る水源に塩分が入ってしまうため，州南部に送っている飲み水がなくなってしまうのです．

それで，「州南部の排水をもっと積極的に飲み水に使う方がよい」という意見に押され，ロサンゼルスの下水処理場の処理水を海に捨てる代わりに，高度に再生水処理して，飲み水に直接水道水として利用するところまで検討が進んでいます．この背景にはカリフォルニア州が500年に1回の大渇水に見舞われていて，州をあげて水資源対策をとるところにまで来ていることも大きいかもしれません．テキサス州では，Big Spring と呼ばれる小さな町で，再生水の直接飲料水利用が2013年から始まり，米国の南部，西部では DPR が大きなテーマです．

そうはいっても，現時点で DPR には，まだいろいろな課題があり，特に IPR は環境バッファ，つまり再生水処理に何か障害があったとしても，貯水池や地下水層にしばらく貯められるので，その間の浄化，監視，利用側での対応がとりやすいのですが，DPR では処理に障害があった場合の対応をとる時間的余裕がないので，IPR の環境バッファに相当する工学的バッファを取る必要があろうという意見が主張されています．

4 再生水のリスク管理と再生水技術

次に，「再生水はどれぐらい危ないのか」を考えます．再生水のリスクと言いましても，リスクファクターはたくさんありますが，ここでは主に病原微生物に話を絞ります．再生水には，下水に含まれる病原微生物と有害物質が残っている可能性があります．特に病原微生物は，ヒトが触れる再生水の様々な用途でハザードとなる可能性があります．化学物質によるリスクは，ヒトへの影響と生態系への影響を考える必要があります．再生水用途として，オープン利用，例えば農業利用をしたり，環境水として利用したりする場合，土壌や地下水，水域で環境汚染を起こす可能性があることも考えておく必要があります．

下水には，病原細菌が含まれている可能性があるので，これまでは大腸菌群や大腸菌が，測定の容易さと，腸内に数多く含まれていることなどから病原細菌の指標と考えられ，この指標微生物を対象として再生水質管理が長年行われてきました．しかし，病原細菌以外に，病原ウイルスや原虫が下水に存在し，大腸菌群や大腸菌とは異なる挙動を取るため，これらの指標で十分安全性が保たれないと分かってきました．そのため，ウイルス等を対象とした管理が必要です．

どの程度の安全性を確保するのかは，糞便指標の微生物が再生水から出てきたら，「危ないから，だめ」ということだったのですが，化学物質と同様に病原微生物による感染リスクの定量化が，この30〜40年の間に進み，「どのようなタイプの病原微生物が，どれぐらいの量を，どれぐらいの頻度で曝露すると，どれぐらい危ないのか」が，定量化できるようになっています．

これは，単に研究のレベルだけではなくて，行政的にも水道基準などに使われています．再生水も，1990年頃から，感染リスクを定量化し，評価する動きが出てき，今，国際基準化にも使われようとしています．

再生水の安全性ですが，再生水についてこれまでに許容感染リスクのレベルを示したのはWHOの農業用水の再生水利用ぐらいです．水道水については1985年，米国環境保護庁（USEPA）が，米国の水道で実際に起こっている感染のレベルやこれまで化学物質で許容される死亡のリスクなどから「1年間に水道水で1万人に1人ぐらいの感染は許容される」と判断しました．

WHOの方では，農業用水に再生水利用をするときに，障害調整年数（DALY）を使って，10^{-6}/人/年，要するに，「健康な1年間の生活を送れる者が，100万人に1人くらい失うことは仕方がない」レベルを2005年再生水の安全性の基準として採用しました．

先進国では，再生水の病原微生物を削減するレベルを全て再生水処理施設だけで対応する計画を持つことが多いですが，途上国では，再生水を製造するのに多大な費用を出せない場合があるので，再生水処理の他，再生水を使う前の貯留段階や環境での再生水中の病原微生物の減衰，さらに再生水ができるだけ農作物にかからない灌漑方法などをうまく考慮し，実質

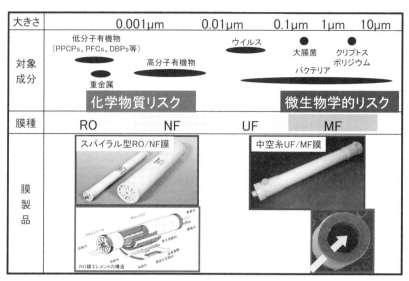

図3 膜の分類と除去対象成分

的に再生水製造から曝露までの全過程での病原微生物の削減を再生水施設で考慮してよいとWHOは提案しています.

例えば，再生水を製造後，曝露されるまでに十分な時間を取れば，病原微生物は基本的に死滅していきますし，太陽光に当たるとさらに死滅速度が増大します．また，再生水の曝露量をできるだけ少なくすることでも，ベストマネジメントプラックティス（BMP）を行う．例えば，農業用で散水方法としてスプリンクラーでまくケースと，ドリップイリゲーションで根っこだけに再生水をあげる方法とを比べると，後者はほとんど飛び散らないので，同じ作物での曝露量が異なることになります．このため，再生水の処理レベルを上げなくても済むというのが，点的灌漑を得意とするイスラエルの主張です．

膜は，図3に示すように様々な孔径があり，除去対象はÅレベルからμmサイズまでの分子，イオン，タンパク，ウイルス，原虫，細菌などリスクファクターが取れるといわれています．例えば精密ろ過（MF）膜の孔径ならバクテリアは十分除去でき，限外ろ過（UF）膜の孔径サイズなら，ウイルスも十分除去できるはずです．しかし，この膜の孔径はどのように測られているのかが明確ではなく，メーカーごとに異なるとも言われ

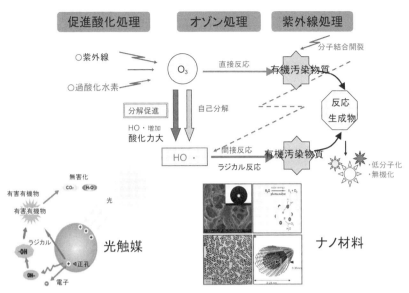

図4 酸化処理技術

ています．また孔径にはばらつきがあり，代表孔径で実際に実験してみると，孔径 0.01 μm の UF 膜でも，ウイルスがある程度は透過することが分かりました．したがって，この代表孔径の定義をどのようにするかが重要と思われます．

オゾンも紫外線などの酸化処理技術（図4）も再生水の製造にはよく使われています．これで病原微生物の消毒や化学物質の分解ができるわけです．最近では，光触媒やナノ材料をどのように再生水製造に利用するのかという研究も進んでいます．

化学物質のリスクはあまり詳しく話せませんでしたが，再生水利用する際には，まず，急性的な問題が重要なので，これをきちんとやらないといけません．その第一は病原微生物です．病原微生物は，粒子の存在の問題なので，再水中での濃度は大きくばらつき，大きく変動します．

一方，BOD，浮遊物質（SS），大腸菌群，窒素，リンが我が国では下水処理場での処理対象としての規制項目です．これらは十分に放流基準が守れるように下水処理場の設計に余裕を見てあります．さらに有害な化学物質も下水処理水に規制がかけられていますが，化学物質は下水処理対象物質ではないとして，事業場排水を下水道に受け入れる段階で，事業場に下

水処理場からの放流水質レベルで規制をかけ，下水処理場からの放流水質が順守できる設定になっています．一方，消毒したあとの下水処理水の大腸菌群のデータはありますが，病原微生物の濃度分布はほとんど分かっていません．

　これまで下水処理プロセスは，変動が少ない処理対象物質が放流水質基準を余裕をもって満たすよう設計されてきましたので，処理プロセスの除去率の分布は，ほとんど考えてきませんでした．しかし，再生水の病原微生物の管理では，下水や下水処理水の濃度が桁違いに大きく変動するので，再生水処理での除去率は極めて重要なのです．どのような処理の組み合わせを行えば，再生水はどのような病原微生物濃度の分布になるのかということです．発生する確率は低いが異常に高い濃度は，異常値だから捨てようとはならず，そのような異常が起こらないように準備しておくことが重要なのです．

　要するに処理の信頼性の問題が重要で，その概念を入れなくてはいけないのです．そのためには，再生水の病原微生物濃度がどのくらいなのかを検出限界未満まで推定しなければ評価できない場合もあります．例えば，再生水に使う二次処理水の病原微生物濃度の分布，次に再生水処理での除去率の分布を考慮して，再生水濃度分布を推定し，それをもとに再生水の安全性，許容されるリスクレベルが満足できる確率を求める．この確率が信頼性を示す指標になります．再生水中の病原微生物は，実測してもほとんどは検出限界未満となっても，再生水の病原微生物濃度分布を理論的に推定できます．同じ二次処理水を使っていても再生水処理の方法によって，再生水の病原微生物濃度分布が変わります．除去率の平均が同じでも分布が広いか，狭いかで，再生水に高い病原微生物濃度が出る確率が変わるわけで，前者は信頼性が高くないという結果が予想されます．

　表1に示すように再利用する際にどれぐらい再生水に曝露されるかは，利用用途によって変わり，また年間に曝露される回数を考えると，感染リスクや障害調整年数が計算できます．WHOの10^{-6}/人/年の障害調整年数の基準を許容できる基準として設定すると，再生水を作る場合に，どのような二次処理水から，どのような用途に，どのような再生水処理をすれば，そのリスクの許容範囲を満足できるのかを評価できます．例えば，これは

表1 再生水利用での畑地灌漑・都市用水の曝露シナリオ

用途	リスク対象	再生水の曝露量	年間の曝露回数
畑地灌漑	作業者	0.3 mL /event	27.2 回/年
畑地灌漑	消費者	0.1～1 mL/100g-野菜 242g-野菜/日	毎日
都市用水	水洗用水	0.02 mL/回	3 回/日
都市用水	芝生散水	0.1 mL/回	20 回/年
都市用水	リクレーション（手、足の接触）	0.3 mL/回	20 回/年
都市用水	リクレーション（水浴）	30 mL/回	8 回/年

(安井他、2014)

一つの例ですが，生食する野菜などの灌漑用水として再生水を使うとき，都市で様々な用途に使うときなど，水の使い方により曝露量，頻度等が変わるので，様々な再生水の処理系の安全性に問題があるのか，ないのかが判断できます．このような考え方は，水道では，米国の USEPA が表流水処理基準として，年間1万人に1人の感染リスク未満とする水道水の安全性評価を行い，浄水処理で原虫や腸管ウイルスの必要除去率を求める場合に適用しているので，この方法を再生水についても，適用する考え方が，これから出てくるでしょう．

　一方，非飲用利用で再生水に含まれる化学物質の安全性はどうかということですが，土木研究所が興味深い研究をしています．我が国には化学物質の移動，排出量を把握する環境汚染物質排出・移動登録（PRTR）制度があり，下水道もその対象になっています．下水道に下水を排出する事業場も PRTR の移動量を届け出ることになっています．PRTR の対象 462 物質の中で，下水道にどのぐらい移動してくるのか，これは工場だけではなく，家庭で使われて排出される量も環境省が推計していて，全国の下水道に入ってくる化学物質の負荷量が公開されています．これと全国の下水処理水量で割りますと，処理水に含まれる PRTR の対象化学物質の概ねの濃度が推定できます．

土木研究所の研究成果では，平成 23 年に 209 物質が下水道に移動していることが報告されていて，それを処理しないで，そのまま下水に含まれる平均濃度で飲んだとして，PRTR 化学物質のうち，ヒトへの安全面で安全性の基準を超えるかものがどれくらいあるかを議論しています．その結果，PRTR の対象化学物質では安全性を満たさない物質は 2 物質だけという結果になりました．

下水処理水を農業利用する場合，植物への蓄積などを考えても，安全性に問題がある PRTR の対象化学物質はありませんでした．食品由来の曝露のシナリオでは，濃縮効果を考慮しても，再生水の曝露量が，飲料水に比べて少ないためです．ほとんどの化学物質がヒトへの安全性に，ほとんど問題がない理由の一つは，我が国では，事業場排水の下水道への受け入れの水質管理をきちんとしていることの裏返しの結果でもあるのです．

一方，水生生物保護の視点から見ますと，かならずしもヒトの場合と同じではないです．水生生物に対して，下水に含まれる PRTR 化学物質について生態影響のリスク計算をしていきますと，9 物質ぐらいは，生態影響に問題がある結果となります．この中には例えば，界面活性剤，一部の金属が含まれていて，さらに PRTR 対象となっていない，医薬品類（PPCPs）10 物質が出てきて，合わせて 18 の化学物質がリストアップされます．

先ほど言いましたように，日本での再生水利用の特徴は，環境とつながるオープン利用が多いことなのです．今後，下水処理水量が多くを占める都市河川で多様な水生生物が生息できる環境を復元していくなら，下水処理水に含まれるこれらの化学物質を削減することも必要ということにもなります．

表 2 は，様々なリスク因子を除去するのに下水や下水処理水からどのような膜や酸化技術を組み合わせれば，どの程度除去が可能なのかを定性的に示したものです．またその時にどの程度消費エネルギーを必要とするかを示したものです．再生水の利用用途ごとに除去すべきリスク因子とレベルが異なるのでこのような情報をもとに再生技術を選択すればよいことが分かります．

（田中他、2015）

表2　様々な水再生システムのリスク物質の除去性とエネルギー消費

処理原水と処理組合せ	大腸菌群（ウイルス）	ノロウイルス	エストロゲンPPCPs	PFCs	DBPs※	エストロゲン作用様	抗エストロゲン作用様	水生生物への毒性	におい	単位排出量 CO-kg/m3	想定規模 m3/d	運転条件
⇒ UF ⇒	◎	△	×	×	◎	×	×	×	△	◎	5,000	
凝集 + UF ⇒	◎	○	×	×	◎	×	×	×	△	◎	5,000	PAC注入率=50mg/L
低pH凝集 + UF ⇒	◎	◎	○	×	◎	○	◎	△	△	◎	5,000	PAC注入率=50mg/L
凝集 + UF ⇒ UV	◎	◎	◎	×	◎	◎	○	○	△	◎	5,000	UV照射強度=100mJ/m3
凝集 + UF ⇒ NF	◎	◎	◎	○	◎	◎	○	○	○	◎	5,000	
凝集 + UF ⇒ RO	◎	◎	◎	◎	◎	◎	◎	◎	◎	◎	5,000	
O3 ⇒ 凝集 + CM	◎	◎	◎	×	○	◎	◎	◎	◎	○	5,000	O3+PAC+CM と同じO3注入率
O3 ⇒ 凝集 + CM	◎	◎	○	×	◎	○	○	○	◎	◎	8,000	O3+PAC+CM と同じO3注入率
凝集 + CM ⇒ O3	◎	○	○	×	△	◎	○	◎	◎	○	8,000	O3+PAC注入率 PAC注入率=25mg/L
凝集 + CM ⇒ O3主入率	◎	◎	◎	×	△	◎	◎	◎	◎	○	8,000	O3+PAC+CM と同じCPAC, O3注入率
凝集 + UF ⇒	◎	○	×	×	◎	◎	◎	○	◎	◎	1,824	PAC注入率=100mg/L
凝集 + UF ⇒ NF/RO	◎	－	－	－	◎	－	－	－	－	－	－	
凝集 + CM ⇒	◎	○	×	×	◎	◎	○	－	－	◎	1,824	PAC注入率=100mg/L
凝集 + CM ⇒ O3	◎	◎	◎	×	△	◎	◎	◎	◎	◎	1,824	PAC注入率=100mg/L

◎：高い除去率、○：中程度の除去、△：低い除去率、×：除去が期待できない、－：未調査
※DBPs消毒副生成物；◎：生成しない、○：条件次第では生成する
CM：セラミック膜 PAC：ポリ塩化アルミニウム、O3：オゾン

◎：<0.42kg-CO2/m3、○：0.42～0.72kgCO2/m3、△：0.72～1.16kg-CO2/m3、×：>1.16kg-CO2/m3 ここで0.42kg-CO2/m3は沖縄企業局の浄水、1.16kg-CO2/m3は浄水+給水エネルギー

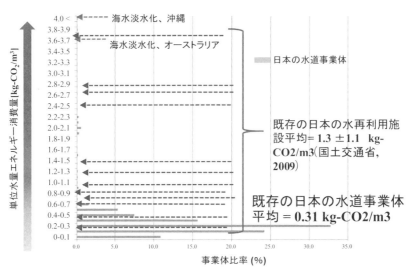

図5 再生水施設のエネルギー消費量の位置づけ

5 沖縄での再生水技術

　どのような用途に，どこにある下水処理場でどのような再生水処理をし，どこで使うために再生水を送水するのかを考えるときに，エネルギー消費量やコストも含めて水の再利用に意義があるのかを考える必要があります．再生水を作る消費エネルギーと処理レベルはトレードオフがあり，良好な水質の再生水を作るほど，用途は広がりますが，コストやエネルギーもかかります．どのように最適化するのかも決めていないといけません．

　水の再利用にかかるエネルギーと従来の水道水のエネルギーと比較した一例がこの図（図5）です．縦軸は，単位水量当たりのエネルギー消費量を示し，横の棒グラフは全国の各市町村の水道事業体で必要とする電力量と薬品量を積み上げて1 m³当たりに換算して，CO_2発生量を推計したものです．全国平均では0.33 kg−CO_2/m³ぐらいですが，分布に広がりがあり，エネルギー消費量が2 kg−CO_2/m³を超えるところがあり，沖縄や離島のような遠隔地がそれに相当します．沖縄の場合には，本島では水道の原水を北部のダム群から中南部の都市まで長距離運んでいるので，エネルギーがかなりかかっています．

　では，日本での再生水の単位量当たりの消費エネルギー量がどれくらい

かかっているのかを 2009 年，国土交通省が事例を示した結果を図の水色の矢印で示しています．その平均は極めて大きなエネルギーで，とても水道水の単位水量当たりの消費エネルギー量と比べて，再生水が有利ではないことが分かります．海水淡水化施設の単位水量当たりの消費エネルギーに比べれば，かなり低いですが，これまで国内の再生水事業で使われてきた再生水処理や輸送エネルギーは，かなりかかっています．再生水事業では，まだ計画水量まで使われておらず，稼働率が低いことも原因かもしれません．

　再生水技術として UF＋RO（逆浸透）で処理した場合，全国平均の水道のエネルギーの方が低く，有利ではありません．しかし，UF＋UV（紫外線）では水道水よりも少ないエネルギーです．ただし，これには水の輸送エネルギーは入っていませんので，それを考慮しないといけません．これらの情報は，水の再利用がどのような場所であれば，どの程度のエネルギーを掛けても，競争性やコスト競争性があるのかが示唆されます．

　どのようなところが再生水の利用に向いているかを考えると，先ほどのカリフォルニア州では単位水量当たりのエネルギー消費量が極めて大きいですから，再生水を生産しても十分に割が合うわけです．

　日本の沖縄の話をします．先ほどお話ししたように沖縄は，本島では北から南に水を輸送し，エネルギーがかかっています．本島中南部は農業用水がほとんど手当てがついていません．ようやく 2000 年頃に，地下ダムが最南部の地域にでき，その地域は農業生産性が上りました．水不足でサトウキビしか採れなかった農地が，マンゴー，ドラゴンフルーツ，生野菜，花卉など高い収益性がある農作物に変わり，農家の収入が上がったのです．しかし，地下ダムは浸透できる土壌で，地質構造が水を貯めやすくないといけませんが，その条件を満たす地域はそれほど多くはありません．地下ダムによる農業用水開発地域の北側は，ジャーガルという粘土質になっていて，地下ダムができません．この地域は，水不足のままです．それで，この地域の人たちが，下水処理水に目をつけたのです．

　最初は，沖縄県那覇浄化センターの下水処理水が注目されました．灌漑用水が必要な地域は 2,500 ヘクタールぐらいあり，5 万 m³／日が必要になる予想されました．その水量を供給できるのが 13 万 m³／日の処理水を

海に放流している那覇浄化センターというわけです．生野菜にも使う再生水製造の経験が我が国にはないので，米国カリフォルニア州の再生水利用基準である Title22 を参考として検討が始まりました．この下水処理場から対象の畑地に水を輸送し，灌漑するだけでも，かなりのエネルギーが要ることが分かりました．それで，この対象地域を縮めますと，水の輸送に関わるエネルギーが小さくなります．つまり，再生水処理のエネルギーを下げることも重要なのですが，どこで再生水を製造し，どこに運ぶのかも，再生水利用では重要なのです．

　沖縄本島南部で再生水利用を広域利用する計画はコスト，エネルギー的に高くなることが分かったので，より狭い地域で行う場合，再生水に利用できる下水処理場が，水需要地域の近くにないかと探しましたら，糸満市に 1 万 m³／日の下水処理場があり，需要農地に水を供給するエネルギー，コストを試算してみました．Title22 に準拠した再生水処理施設を那覇浄化センターに設け，そこから広域の再生水輸送を行う計画よりも，需要地域を絞ってより近い下水処理場の再生水を利用する場合の方が，30％ぐらいコストが下がり，これは周辺の地下ダムの水単価と概ね同じ程度でした．このため，糸満市北部では，農業用水のプロジェクトの競争性が十分あることが分かりました．2015 年この検討結果にもとづいて，国土交通省の下水道革新的技術実証研究（B-DASH プロジェクト）に採択され，1000 m³／日の再生水施設が作られました．

　今後，沖縄では 1000 ha の沖縄の米軍基地が返還される計画があり，返還後は，米国基地の跡地は沖縄の経済成長の重要な鍵として，都市化されると予想されますが，水資源や下水道の手当てがなされていません．海水淡水化という方法があるのですが，コストが高く，できるだけ使いたくない．一方，近くの下水処理場から再生水として輸送すると，北部ダム群の再開発などによって北部地域から水を輸送するコストと新たに開発される地区の近くで新たな水資源を確保した方がよいのかを検討すべきです．

　図 6 に示すように 20 世紀，われわれは素晴らしい上下水道システムを構築したのですが，一度だけしか水を利用せず，使った水を下水道で集めて，放流先の水域に捨てるために下水処理をしてきたのです．もし都市に持ち込んできた水を再生して使う場合，上下水道や再生水システムを含め

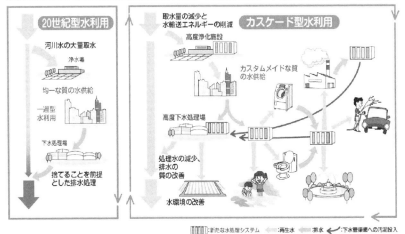

新たな水処理技術の開発による一過型からカスケード型水利用への変換取水排水を減らし，環境負荷を軽減する都市水循環システム

図6　JST CREST「21世紀型都市水循環系の構築のための水再生技術の開発と評価」

た都市水循環システムのエネルギーやコストなどは現状の一過型の上下水道システムと異なるでしょう．我が国の産官学は，上下水道技術はもちろん，すぐれた再生水の処理技術を持つのですが，再生水を前提とした都市水循環システムをこれまで適切に計画してこなかったので，再生水利用のエネルギーやコストが極めて高くなっているのでしょう．我が国では再生水利用が適するところは多くないかもしれないですが，世界全体を考えると，再生水利用が適する場所はかなりあると思われます．

6　再生水技術の国際規格化の動き

最後に，現在進行中の再生水技術の国際規格（ISO）化についてお話します．再生水のISO化については日本が世界を引っ張ろうとしています．その理由の一つは，再生水の世界的なマーケットが，将来はかなり伸び，特にアジアで広がると予想されるからです．経産省では2020年に年間2,100億円ぐらいの再生水のマーケットに広がるのではないか，と試算しています．

中国，日本，韓国の外務省と経済産業省が中心になって，各省庁と連携

しながら北東アジア規格協力フォーラムを作っていて，2010年に日本の国交省から，「都市における再生水利用基準」というテーマを出しました．当初，日中韓の官民だけで規格化の作業をしていたのですが，思い通り進まず困っていました．しかし日中韓の研究者レベルも巻き込んで作業が始まると，すんなりとまとまりました．

どのような規格がまとめられたかといいますと，「リスク・アセスメントに基づいた再生水の水質規格」です．再生水基準は，国ごとに基準値やその背景の考え方が違うので，統一した国際基準値を定めることは，ほとんど不可能です．しかし，基準を策定する合理的な考え方を統一することは，比較的容易です．安全性の目標設定は，それぞれの国で事情が違うので変えればよく，再生水の「安全性の評価の考え方」を統一することで，まとまったのです．

北東アジア規格協力フォーラムの「都市における再生水利用基準」のまとめ段階で，再生水に関するISO規格策定の動きがあったのです．ISOは，規格提案ごとに技術委員会（TC）が設置されます．最初の再生水についてのISO提案は，再生水の農業利用の規格を，点滴灌漑を得意とするイスラエルが，TC253「下水処理水の灌漑利用」を提案しました．北東アジア規格フォーラム「都市における再生水利用基準」を将来東アジアからISOに連携して提案しようとしていたので，日本と中国とイスラエルは，一緒にISOの「再生水の規格」作りを行うことに合意し，すでにスタートしていた再生水の農業利用規格から，都市も含めた再生水全体の規格へと範囲を広げたISO化作業が2014年に始まったのです．また我が国が水の分野で初めてISO「幹事国」になったのです．我が国ではISOが決まると，日本工業規格（JIS）に全て反映させますし，各省庁が関与している規格も反映することになります．各国もISOにそれぞれの規格が縛られ，違反すると世界貿易機構（WTO）の違反として問題となる場合も出てきます．

TC282は，3つの小委員会（SC）が設置されています．SC1は，イスラエルが幹事国で，もともとTC253として農業用水規格を提案していたので，そのまま再生水の農業利用の規格作りが担当です．中国は，SC2として再生水の都市用水利用の規格作りを担当しています．日本は北東アジ

ア規格フォーラムを主導してきたこともあり，SC3として「再生水のための健康リスク評価」と「再生水処理機能評価法」を担当しています．日本はリスクからスタートして，それの水質レベルを担保するため，性能評価も担当しています．特に，日本はMBRの規格作りを行っていたので，再生水の膜規格を取りたかったのです．

　当初，日本担当のSC3はリスク評価やMBR技術の規格作りでスタートしたのですが，「再生水利用技術は，MBRだけで良いのか？」という話になり，紫外線消毒やオゾン処理，その他の単位操作，さらにこれらを組み合わせた再生水処理システム全体を考えた規格作りをしないといけないという話になり，作業範囲が次第に広がっています．

　国土交通省が，ISOTC282の日本の事務局を総括的に担当しているのですが，機能評価については，造水促進センターが原案作成の事実上の主体です．造水促進センターでは，膜分離協会，紫外線水処理協会，オゾン協会などのメーカー中心とした幹事と京都大学，北海道大学の大学も協力して，規格作りを行っています．

　日本は，再生水の「健康リスクの評価方法」，「水質グレード」，つまり再生水がどの程度の安全性なのかが直観的に分かるような表示規格と，「性能評価」を担当しています．その中で「健康リスクの評価方法」は，先ほどお話ししたリスクの定量の考え方と，HACCP，つまり微生物汚染等の危害をあらかじめ分析し，重要管理点を定め，これを連続的に監視する衛生管理手法の考え方を組み合わせて再生水のリスク評価を行う手順を規格するものです．その中では，再生水の利用頻度や用途，それから処理以外の環境中での減衰過程など様々な曝露因子を考えて再生水の安全性を判定するのです．病原微生物の話を中心にしましたが，化学物質についても，この中で対応の対象となります．次に，再生水の中に含まれています病原微生物や有害化学物質のリスクをどの程度許容できるのかということと再生水に使う二次処理水などの原水のレベルから再生水処理段階で必要となる除去率を算定し，処理レベルが決まります．

　作業での調整が大きな問題となっているのは，「性能評価」の方です．この考え方でキーワードなるのがdependabilityです．これは処理の「信頼性」で，処理がどれぐらい想定するレベルを確保できるのかを故障も含

めて総合的に確保する考え方として使われています.

　次に再生水の単位操作についての性能評価方法が最も議論になっています.　日本が当初提案したのは，MBR だけだったため，現在前述したように他の単位操作も含めて作業する話になり，作業が広がっています.MBR という表現から，ろ過，特に膜，オゾンのような酸化処理，UV 消毒，さらにイオン交換までは，作業中です.

　単位操作の組み合わせは様々考えられ，どのように適用すればいいのか組み合わせたシステムの評価をしないといけないのです.　エネルギー，水の生産性，薬品の消費性，処理に伴う廃棄物量，multiple barrier を考えた安全性のような視点から評価するといった評価方法を作ろうとしています.

　下水だけではなくて，物質，エネルギーのような資源も「下水資源」です.　これらは，廃棄物そのものが，資源になっています.　その下水資源の地産地生を，どの程度のサイズで，どのような目的で，どのようにリサイクルするのかを，これから考えないといけません.　どこで回収して，どこで処理して，どこに運ぶのかが重要になりますが，それぞれの特性により，適切に運べる距離が違います.　一番長距離を運びつらいものは，熱で，地産地生は近いところでしか成り立ちません.　水は，その次に運搬が大変ですね.　比較的楽なものは，電気と汚泥です.　これらへの資源化の場所は，利用地点から離れていても可能です.　従って下水に含まれる水，熱・エネルギー，物質のうち，何を，どこで使うのか，そのための回収と精製をどこで行うのかが重要でしょう.　下水道の特徴は都市の中に張り巡らせたネットワークを持つことです.　ネットワークをうまく使って，地産地生はしやすいところで実施し，回収できずに残った水，熱・エネルギー・物質は，再び下水道ネットワークに捨て，終末処理場，つまりターミナルで，もう1 度，回収すべきものは回収するという概念が，必要になるのでしょうね.回収利用を下水道施設でクローズにおこなうのではなく，都市全体で使うとなれば，民間の方々にもビジネスチャンスがでてくるでしょう.　実際に，国土交通省は下水の熱利用について，下水道管渠からの回収する設備の設置を民間に開放し，下水熱利用が普及し始めています.　また，海外ではSewer Mining のように下水の水利用が民間開放されています.　下水処理

場では，バイオガスや電力回収，汚泥のエネルギー資源化が，民間資金で実施され，それらを下水道以外のセクターが，すでに利用しています．このような資源回収は，付加価値を生み出すので，民間のビジネスチャンスにつながるのです．

Q&A　講義後の質疑応答

Q　直接的に下水道の水を飲料水に使うことが，実際に，行われつつあるということですが，重要なポイントは，まず社会的な合意をどのように取ればいいのかということでしょうか？

A　サンディエゴがまさにその議論を行っています．サンディエゴはカリフォルニア州の南端にあり，水が十分ではありません．これ以上州北部から水資源を運ぶと，環境面や政治的に大問題となります．海水淡水化を行う場合も，放流先の海洋環境の問題や消費エネルギーやコストの問題で難しいのです．それで，下水処理水から再生水を作り，飲料水利用にしようという案が出たのです．ところが，供給しようとした地域と下水処理水の集水区域が異なり，その両地域の人種，収入などに差があったため，政治問題化し，計画が一旦潰れました．しかし，やはり水が足りないので，再生水の飲料水間接利用計画に再挑戦することになりました．市民の理解を得るために様々な試みが行われていて，一つには，デモンストレーションプラントを作り，1日数千 m^3 程度の再生水を，RO膜と促進酸化処理で生産するきれいな施設を造り，下水処理水のイメージを一新したのです．そこに，市民に来てもらって実際に，再生水を見てもらうわけです．

　また，再生水を飲むことにどのようなメリットがあるか，健康上はプラスの意味は見つけにくいのですが，環境管理，エネルギー削減，従来の水資源，カリフォルニアでは北部から南部に水を長距離輸送するとこのような問題があるが，一方，再生水を使うとこのような利点もある，特に生態環境には大変役立などとの情報を一緒に提供しています．

　またサンデイエゴ市だけではなく，例えば Wate Reuse Association が資

金を出して，ロビーや啓蒙活動として，再生水利用の分かりやすいビデオを作るわけです．今日お話しした内容を市民向けに短時間で直観的に分かるようなビデオをつくっています．Wate Reuse Association のシンポジウムには，まず国会議員が何人か挨拶に来るくらい，政治的にもとても重要な問題になっています．

そのような活動を，20 年，30 年かけて，繰り返し，繰り返し行ってようやく再生水の飲料水利用という雰囲気になってきた感じですね．必要性（necessity）が一番でしょうが，同時にその機会（opportunity）をどう見逃さずに行うかが重要ですね．

Q　再生水を考えるに当たりまして，用途が多分重要だと思うのです．農業用水，工業用水など，いろいろとあるのですが，地域によってもだいぶ違うと思うのですが，どのような要素が一番伸びるのか，教えてください．

A　これは難しいところですね．「水がなぜ必要か」の第一は食糧生産ですね．第 2 は飲料水，第三はエネルギーを作るために必要です．世界全体から言えば，農業生産にかなりの水が使われます．しかも，再生水は比較的受け入れやすいでしょうね．

ところが，都市用途や飲料水は，「どこまできれいにでき，どのぐらいのコストがかかるのか」の問題と，再生水を水道水と分ける二重配管システムを使うのかのか否かの課題があります．二重配管は合理的に思いますが，建設，維持管理の費用がかかり，管理をきちんとしないと危ないです．日本だからきちんとコントロールできますが，水道管と再生水管との誤接があると大変なことになってしまいますので，先ほどいいました DPR の話は，とことんきれいにして水道のネットワークに入れて，一本のパイプので供給する方法としては，意外と途上国でもあり得るかもしれません．

Q　日本での下水処理水の場外利用としての再利用率は約 1.3% と出たのですが，シンガポールやアメリカはどのくらいの値なのかということと，そもそも日本と差がある場合に，どうした理由で，この差が生まれてきたかについて，教えていただければと思います．

A　シンガポールはよく分かりませんが，恐らく，今は，全体の 20〜30%

までできていると思います．そこまで高い理由は，シンガポールは，マレーシアとの関係で，水をほとんどマレーシアから輸入してきたため，その首根っこを抑えられています．それで国家安全保障上も問題となるので，対抗策を考えた結果，再生水利用を進めることになり，「飲み水レベルまで作る」ことを目標として頑張ってきました．シンガポール公共事業局（PUB）は水に関する管理，技術開発を独占して行っています．国が小さいせいもありますが，水がやはり重要であることを意味しています．

　一方，合衆国は，全体で何％という正確なデータはないですが，水の再利用を懸命にやっているところは，コロラドから西の州です．ただし，バージニアのような東部の一部でも，再利用はやっていて，それは将来のためらしいのです．カリフォルニア州の中央部いわゆるセントラルバレーでは，農業，環境，地下水涵養などほぼ100％再利用に使っているようです．

Q　中国の都市利用を見たのですが，中国の規格化の目的はあるのでしょうか．
A　中国は，やはり日本と同じことを考え始めています．中国は，国内用にも当然規格を作ってきていて，中央政府でも出しているのですが，都市用水用途の規格が都市によってだいぶ違うようです．このほかのインセンティブとして，中国は，日本と同じように海外に再生水ビジネスを展開したいのです．中国の水会社も海外に出て行きたいし，膜メーカーやエンジニアリング会社も海外に出したいという背景があると思います．

　そのときに，ISO 規格を，担当していれば，規格づくりやその改定を通して，ビジネス展開に有利になるかもしれません．幹事国になれば，世界各国の新しい情報も，これから5年おきに行われる改正に合わせて，一番入手し，同時に新規に反省するのかどうかの選択に深くかかわれるわけです．そういう戦略は，日本が幹事国を取ろうとしている状況も同じだと思います．

第9講
上下水道の経営システム

佐藤裕弥
浜銀総合研究所　シニアフェロー

佐藤裕弥（さとう　ゆうや）
浜銀総合研究所にて水道事業をはじめとした地方公営企業の経営・財務を研究テーマとして活動する傍ら，これまで地方公共団体金融機構公営企業アドバイザー，JICA技術協力専門家なども務めている．
現在は，法政大学大学院イノベーション・マネジメント研究科客員教授，早稲田大学商学学術院非常勤講師を兼務している．

はじめに

今日の講義では上下水道の経営システムを考えていきたいと思います．最初に思い起こさなければならないのは，水道・下水道の経営システムには，技術がその根底にあるということです．

水道・下水道の経営システムとは，たしかに経営問題ではありますが，その本質は，「規制の経済学」であって，規制のもとにおいて水分野のエンジニアは，いかなる貢献をしなければいけないのか，を問い直すことが必要です．このようなことから，前半では「上下水道の規制方式とエンジニア・エコノミスト」をテーマとして進めてまいります．

1 上下水道の適正な経営システムはいかにあるべきか

現在，上下水道の経営改革が強く叫ばれておりますが，そこで重要になるのは，水処理技術を生かすための経済学的・経営学的な見直しが避けて通れないという事実です．そこでは一般的に，「エンジニア・エコノミスト」と称される領域，つまり技術と経済の二つの研究領域にまたがるような視点を踏まえた経営改革が重要となります．

最終的には，意思決定やアセット・マネジメントの実行ということにはなりますが，それを考えるためには，「規制と競争」の観点を見逃すことはできません．水道事業などは公益事業という一つの産業分野ですが，一般私企業と同様の純然たる市場競争を行うような事業ではなく，規制産業であることを前提とした中で，いかに改革していくのか，が問われなければなりません．

ここで，本日取り上げたい問題を提起したいと思います．第一に，「上水道あるいは下水道の『社会的規制』と『経済的規制』について，規制と競争の観点からどのように見直すことが必要であると考えられるか」という問題です．

第二に，「官民連携水ビジネスを推進するためには，現在の規制政策とどのように調和させるべきか」が問題となります．

さてここで，日本の水道の経営システムについて確認しておきたいと思います．日本の近代水道は，明治20年の横浜水道を嚆矢とし，明治23

年の水道条例をもって開始されたことは，よく知られておりますけれども，ここで取り上げたいのは，その水道条例の成立前夜の問題です．

2　日本の水道経営システムの誕生の歴史

日本では，明治19年に「水道設置建議案」が上程され，民営水道を前提として検討が進められました．そこで考えられていたことは，工事費の30万円を民間企業が調達して，水道料金収入で返済する方式でした．問題は，この30万円の資金調達の償還財源を住民が料金として負担する点です．この点に対して反対運動が起こったことから私設の会社構想が消滅するに至っています．

しかしながら，それにとどまることなく，翌年の明治20年には，東京水道会社設立願が提出され，民営の水道を前提として検討が進められました．その結果，当時の内務省が「市街私設水道条例案」を提案し，民営を許可する方針で閣議決定を行っております．つまり政府方針は，民営水道を予定していたということです．その後の審議を経て，最終的には元老院による修正が行われ，「市町村公営限定主義」として民営を一切認めないこととして，水道事業がスタートしたのです．この市町村公営限定主義は，明治44年に修正され，民営水道を認可することとされた経緯があります．

こうした歴史から考えなければならないのは，水道の経営システムを考えるということは，経営主体と料金問題が中心課題であるということです．具体的には，いわゆる参入規制の問題であるとともに，料金規制の問題といえます．

(1)　日本のガス事業の破滅的競争

「水道や下水道などの参入規制が緩和され，もし市場競争が生じた場合にどのようなことが起きるのか」を考える必要があります．水道では，これまで競争の歴史はありませんが，たとえばガス事業においては，「破滅的競争」として，実際に競争が行われたことがあります．明治18年，東京ガスがガス事業を営んでいたわけですけれども，その後，ガス会社が相次いで設立されることによって，千代田ガスが登場したのが明治43年です．その結果，一つの供給区域に二つのガス会社が営業することになって，

激しい顧客競争を展開しました.

　ガスなどの公益事業は，価格以外のサービス競争というものが非常に難しいことから，おのずと料金値下げ競争にならざるを得ないのです．その結果，最初に起きたことは，別々の会社が同じ供給区域で事業を行うことから，一つの道路に，それぞれの会社がガス管の敷設工事を行うということによって交通渋滞や騒音問題が起きています．このようなことから，都市経営上，大きな社会問題がもたらされることとなりました．問題は，それにとどまることなく，競争の激化による別の弊害が生じつつありました．行き過ぎた競争の結果，「どうやら共倒れになる」という懸念が現実味を帯びてきており，「いずれか1社が生き残った場合には，高料金が課せられるようになる」ということが，もはや需要家にも確信されるようになったことから，東京府の斡旋によって，1社が存続するような統合策が講じられ，最終的に1社によるガス供給事業に再編成がなされたということが歴史上，起こっています.

　水道はガス事業と同様，ネットワークとしての導管を介在した事業であることから，総費用に占める固定費の割合が高い産業という点に特徴があります．ここに特殊性が認められることから，市場に複数の企業が存在した場合には，固定費すなわち投下資本の回収を目指して，一般的に料金値下げ競争になりがちです．このような状況を「破滅的競争」といいますが，少なくともガス事業の分野では，市場競争が行われた歴史的事実があります.

---

(2)　日本の電気事業の破滅的競争

　電気事業でも，同様のことが起きています．明治時代末期から大正前半にかけて国を挙げた電力政策のなかで電気の普及が進んできました．その結果として，1軒の家に三つの会社の引込配線が張られました．水道でいえば，1軒の家に三つの会社のパイプがつながっているという状況といえます．その結果，新規の需要者からは料金を徴収しないことによって顧客を獲得しようとする経営戦略を取る企業が登場しました.

　料金の値下げ競争により破滅的競争に至るとともに，競争がない他地域においては，不採算をカバーするため料金値上げが行われ，サービス水

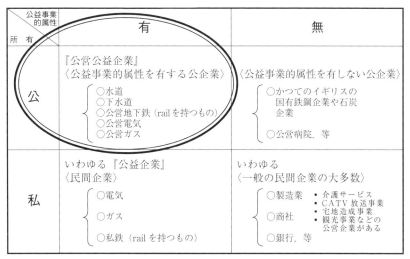

(出所) 佐々木弘（神戸大学名誉教授）講義資料をもとに作成
図1　公益事業と一般私企業の事業的属性の違い

準が低下することとなり，需要家の不満が高まっていきました．「同一サービス・同一料金」という公益事業の料金論を外れるような現実が，当時の日本で本当に起こってしまったということです．

このようなことから，当時の東京電燈，日本電燈，東京市電の3電気会社が協定を結ぶことによって破滅は避けられました．水道や下水道は，最初から公営でスタートしておりますので，このような競争の実例はありませんが，もし，純粋な一般私企業と同様の市場競争環境に置かれたならば，ガスや電気と同様の状況が生まれるのではなかろうかということが推測されるところです．

3　公益事業と一般私企業の違い

水道事業において，「民営化」が議論されてきています．これを考える場合には着眼点が幾つかあると思います．図1の通り，公益事業的属性を「有する」ものと，「有しない」ものに分けられます．さらに，所有の形態が「公」か「一般私企業」に区分できます．

この「公益事業的属性」というものは，三つの要件からなっております．一つめは，「日常生活に必要不可欠」ということです．二つめの要件は，

「サービスを提供する」ことです．そして三つめの要件は，「企業である」ということです．

この三つの要件を満たすものは，水道ばかりではなくて，民営の電気やガスなども同様です．したがって，公益事業として日常生活に必要不可欠なサービスを提供する企業として3要件を満たしたものであれば，公営か民営かを問うことなく，いずれの経営形態であったとして，公益事業としてのサービスが提供されることとなります．だからこそ，民営化が論じられることにもなりますが，たとえ民営化されたとしても公益事業として規制対象業種であること自体は，今後とも変わらないということでもあります．ここが，他の産業形態との市場競争における違いになります．

これに対して，公益事業的属性を有しない事業として，たとえば，都立病院，市立病院，県立病院などがございます．制度上は地方公営企業という同じ枠組みに位置しますが，公益事業的属性すなわちネットワークを介さない事業という点で，水道と決定的に異なります．地方公営企業制度という場合には，介護サービス事業，宅地造成事業，観光事業などの，いわゆる純然たる一般私企業と同様のものも公営企業に含まれております．

そのため，この公営公益事業といわれている水道などとともに，それに該当しない公立病院や純然たる一般私企業に準じる事業をすべて含めて一律に，地方公営企業として事業統制がなされることとなり，具体的には会計統制，料金統制がなされます．

しかしながら，料金統制がなされる事業と，それ以外の一般私企業とが，同じ土俵で地方公営企業として論じられること自体に無理があると思います．この辺りのところを，今後の制度設計上，どのようにしていくのかが問題になるものと思います．場合によっては，個別の「事業法」として発展させ，事業統制を見直すことも案としては考えられます．

念のためもう一度，確認しておきますと，水道などは，たとえ民営化されたとしても何らかの規制は残るということです．この規制の問題を考えないで，民営化論争を考えることは，バランスを欠いているといわざるを得ないものと思います．

なお，下水道については公益事業論のうえでは議論があるところです．下水道が公益事業に属するかどうかについては，「トワイライト・ゾーン」

にあると主張されています．水道に比較して下水道普及率が遅れていると
ともに，雨水排除などの目的も有していることから，下水道事業の場合に
は，「純然たる料金収入だけを前提として営む事業なのか否か」という問
題を内在していることから，公共事業的な側面を有した事業といわざるを
得ず，学問的には，「準公益事業」と位置づけられています．ただし，今
後については合理的な経営を行うという考え方を採れば，水道と同様，公
営公益事業に当てはめてよいものと思います．

　このようなことから今後については，「上下水道一体で，水の経営シス
テムをどのように事業展開すべきか」という議論も出てくるものと思いま
す．そこでは，技術の問題を踏まえた上で，経済的・経営的問題を考えて
いかなければいけないでしょう．

4　コンセッション方式と公共経済学の誕生

　現在，水ビジネス推進の観点からコンセッション方式が検討されていま
す．コンセッション方式は，1853年に，フランスのリヨンでスタートし
たわけですが，その時期は，横浜水道の34年前です．長い歴史の中では，
おおむね同時期といってもよいかもしれません．さらに，1884年には，
フランスのランスにおいて，下水道事業のコンセッションがスタートして
います．

　このようなことから，日本の上下水道改革の議論においても，「フラン
ス型モデルに倣って，日本もコンセッションを導入してはどうか」という
ような意見が主張されることがあります．しかしながら，ここで考えなけ
ればいけないことは，日本とフランスの歴史的な違いです．日本もフラン
スも，「水道・下水道の施設整備の財源と負担を，どのように求めるのか」
という問題については共通です．これに対して，日本の場合には公営主義
を原則とし，フランスにおいてはコンセッション方式を採用することとな
り，事業手法が当初から異なることとなりました．当時のフランスでは，
有力金融資本家が存在しており，金融資本主義が発達している点で，日本
と社会・経済環境が違っていたということです．

　先ほど説明したとおり，日本では30万円の資金調達と水道料金が問題
にはなりましたが，フランスの場合には，金融機関が率先して水道に関係

することを望み，コンセッション方式による資金供給による事業手法を構築したという点に歴史的な違いがあります．日本でもコンセッション方式は，現在，注目されていますが，フランスが導入した1850年代の半ばにおいても，絶対的に有利な手法として導入されたわけではありませんでした．たとえば，先行してコンセッション方式により整備された鉄道が，水道コンセッションがはじまる前にすでに破綻しており，政府の介入によって救済される事態となっています．それにもかかわらず，水道のコンセッション方式が採用された理由は，金融機関側の強い働きかけによるものです．こうした歴史的な背景を理解しておく必要があります．

このような問題を考える学問領域として，「公共経済学」と称される研究分野があります．この公共経済学を確立させたのが，当時のパリの下水道のエンジニアたちであったということは，注目すべき事実ではないかと思います．公共経済学は，政府の介入すなわち規制にかかわる研究であり，コンセッション方式に対しては消極的な考え方を採ることがあります．1850年代のフランスで，水道コンセッション方式を採用しましたが，エンジニアが経済学を研究し，公共経済学を確立した点は，興味深いものがあります．

公共経済学では，「なぜ，政府は規制をしなければいけないのか」を考えます．「市場の失敗」といわれているものが，その前提にあります．これは，すべてを市場競争に委ねた場合には，場合によっては良い結果が得られないことがあるということです．そのため，市場の自由競争に委ねることなく政府の介入を認め，規制を行うこととなります．

ところが，政府が介入した結果，「政府の失敗」が起こることがあります．政府の活動は完全ではなく，しかも，厳正中立でもありません．理論的には，「公正無私の立場」から政府の介入が行われることにはなっていますが，現実には，たとえば，官僚の予算や権限の最大化，あるいは首長や議員による再選の重視として，具体的には料金改定における不適正な介入による無理な料金値下げなどによって，政府が失敗をします．

さらに，規制の適正化を図るためには，規制当局の人件費など，表面的には目に見えないコストが「規制のコスト」としてかかってくるので，規制改革は，規制のコストの問題も含めて考えないと，適正か否か，断定的

に判断することは困難です.

また, レント・シーキング・コストというものが発生することにもなります. 単純化していえば, 事業者などが規制政策の変更を行うことによって超過利潤（レント）を得るための活動をさします. 規制改革の動きがあると, すでに既得権益を受けている事業者は, 自分たちの事業に有利になるような働きかけをしようとすることが想定されます.

そのほか, 規制のラグとして, たとえば, 政府が規制改革を進めるためには国会の議決が, さらに料金改定においては地方議会による議決が必要とされることから, どれほど迅速・柔軟で機動的な料金改定をしたいと思ったとしても, 現実的には時期を失するということにもつながります. それに伴って, ある一定期間において, 企業利益もしくは企業損失が発生するなどということも起こり得るのです.

このようなことから, シニカルな態度をとる経済学者によれば, 「『市場の失敗』があるために政府の介入が必要ではあるが, 結局, 政府が介入しても『政府の失敗』を引き起こすだけなので, 市場の自由競争に委ねておく方がよい」という考え方が示されます. しかし, 経済学的研究アプローチを取る大方の研究者の見解としては, 「市場は万能ではない」ということから, 現在の一応の結論としては, 「市場にすべてを委ねることなく, 一定の規制を前提として, いかにして適正な制度設計を行い, 公益事業の経営システムを維持・継続していくのか」を常に問いなおすことが, 水道・下水道の場合には必要と考えられています.

5 エンジニア・エコノミスト

水道の経営システムを考えることは非常に重要なことと思われます. 水道コンセッション方式を生んだフランスですが, そのほぼ同時期に, 水道・下水道を専門とするエンジニアたちが技術と経済学の調和を目指すことによって, 公共経済学の分野を切り拓いてきたという経済学史上の事実があります. このことは, 「エンジニアは, もはや, 単なる技術者であってはならず, 技術者であると同時に, 産業技術の知識に経済技術の知識を結びつけていく経済学者でなければならない」ということでもあります.

たとえば, 技術と経済学を結ぶ接点の典型事例には, 交通分野がありま

す．鉄道などでは工学研究が先行いたしました．ところが，ある時期から運賃適正化の問題，需要量予測の問題，資金調達の問題などが工学研究の領域でも必要とされ，そこに経済学的研究アプローチが採り入れられ，その後ある時期からは社会科学系の研究者が積極的にかかわることによって「交通経済学」という研究領域が開拓され，今日に至っています．大学の経済学部のカリキュラムの中でも交通経済学が配当されるなど，一般化されているといえます．

　これに対して，水道の工学的研究は，現在に至るまで水道経済学や下水道経済学として学問的に確立された状況にまで発展してはいません．水道経済学などという概念での経済学的研究領域が確立されていないことを考えれば，今後とも工学系研究の領域として，この分野を開拓しなければいけないのではないかと思います．

　水道事業の場合，「サービスの生産と供給」に事業の本質があります．水の供給という観点からは，サービスの非貯蔵性という特質に配慮するとともに，需要に即応して供給される必要があることから，供給施設をあらかじめ余裕を持って設置しておかなければいけないという事業特性に注目すべきといえます．このような事業特性は，市場競争を前提とした一般私企業にはないものであり，公益事業固有のものといえます．

　水道は，何らかの物理的連結によるネットワークを必要とする事業であり，導管を介在しない水の供給は予定されていません．ペットボトル水との競争などということが，表面上では起きておりますけれども，経済学的には考えにくい事態が起こっているといわざるを得ません．ペットボトル水は，物の対価として「代金」を伴って取引されます．これに対して水道は「料金」であり，水道施設の使用料です．水道事業者が，1日24時間，1年365日，水道法第15条に基づいて常時給水義務を果たすべく整備した施設の使用料としての料金ですので，物の対価としての代金とは決定的に異なるものです．

　このような水道の物理的な連結は，おのずと巨額な固定資産投資を伴うとともに，施設の特性上，場所的制約性があります．すなわち水源などからの距離など，それぞれの地域特性を生かした事業であるという点で，場所的制約が強く働くため，必然的に独占化傾向を帯びることから「自然独

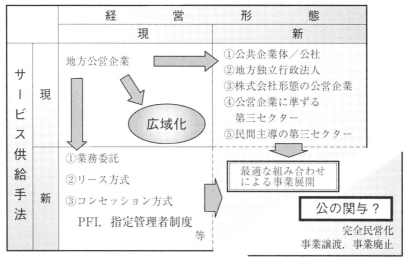

出典：拙稿「水道事業の経営改革と『ソフトな広域化』の推進方策」『公営企業』地方財務協会，2008 年 10 月 25 頁より作成．

図 2　水道事業の経営改革の方向性

占」となります．

　水道事業・下水道事業が規制されるのは，放っておくと自然独占になるからであり，この問題は，公営であろうと民営であろうと経営形態の面からは何ら変わらないということになります．そのため，経営形態だけに着目した民営化論争だけでは解決されない地域独占の問題は残る，ということです．この問題について，今後どのように考えるのがよいのかということが水道経営改革の本質です．水ビジネスと称されることもある水道事業を，利潤追求を主目的とした市場競争のなかでどのように位置づけるのか，という問題につながっていくものと思います．

6　規制と競争の適正化の観点

　図 2 は，「規制と競争の適正化の観点から，どのような経営改革の方向性が考えられるのか」を整理したものです．着眼点の一つには，「経営基盤面から規模として適正なのかどうか」があり，具体的には水道広域化の推進が考えられます．次の着眼点としては，「制度面からは，市町村直営という経営形態のままでよいのかどうか」が挙げられます．たとえば，公民共同企業体という経営形態が考えられます．すでに広島県企業局が「水

みらい広島」という株式会社を設立して水道事業を行っていますが，こうした方法は今後の有力な案の一つとして考えられてよいでしょう．

あるいは今後とも直営形態であったとしても，民間事業者との連携による展開などが考えられることから，経営改革の選択肢が非常に広がってきているといえます．たしかに様々な規制に縛られているため，公営企業としての限界，すなわち，機動性や柔軟性が十分に発揮できないなどという問題はありますが，このような点は規制改革の進展とともに緩和されつつあります．

いま一度，図2をご覧ください．平成14年4月1日，改正水道法に基づく第三者委託制度がスタートしました．その年に私は広島県企業局が設置した「水道事業経営改革検討会」の委員に就任し，「広島県として改正水道法を，どのように活用するか」という研究に加わりました．その際の議論は次のようなものでした．

第一に，現在の経営主体，すなわち地方公営企業という現在の直営形態の給水サービス手法を維持する場合であっても「広域化」という選択肢を考えることも有効と考えられます．その他のサービス供給手法として，単純な手足の業務委託だけではなくて，フランス型のアフェルマージュ方式やコンセッション方式など，さらにはPFI/PPPという事業手法の領域も考えられます．これらは外部経営資源の活用という面に着目すれば，水道事業のアウト・ソーシングの活用と大きく整理することもできるでしょう．

アウト・ソーシングは，「業務の外部委託」などと翻訳されましたが，英語の語源は，「Out（外部）」と「Sourcing（経営資源の調達）」からなる造語です．たとえば銀行などにおけるシステム分野については，「銀行員がシステムに，どこまでかかわるのが合理的か」が経営改革の着眼点とされました．その際に得られた経営改革の答えは，「システムに専門的な知見のある経営資源を外部から調達することによって，内部経営資源だけでは十分に対応することが難しい分野を補強し，外部委託を活用して銀行グループ全体として強くなっていこう」という発想でした．

ところが，当該事業に携わっている職員は，配置転換などによってそれまで携わっていた仕事を失うことになるということから，その表面的な事実に着目して「業務の切り出し」などと解釈されることとなり，経営組織

の縮小化に利用されてきました．水道事業に置き換えた場合には，経営組織の弱みを認識するとともに，それをどのように克服して持続可能性のある強い水道事業者に成長していくのかを考えることが本来の考え方であって，そのためにアウト・ソーシングの概念を取り入れることが有効であるということでしょう．

　それとともに，「経営形態自体の見直しを行うことにより，たとえば株式会社形態も含めて再検討する道があるのではないか」ということも考えられます．現実的には，サービス供給手法と経営形態の最適な組み合わせによって，最適な水道経営システムを考えていくことになるでしょう．なお，完全民営化の手法としてイギリスのモデルも案としては考えられますが，「公の関与」が失われる点で，他の経営改革手法とは異質のものといえます．つまり，「公の関与が必要であるか否か，必要であるとするならば，それをどのように確保して規制していくのか」という問題を考える必要があるといえるでしょう．

　以上のような点について，広島県企業局は，「新しい経営組織を作って，指定管理者制度を活用することによって実現するとともに，将来の水道広域化の受け皿の役割を担う」という結論が得られたことから，公民共同企業体として設立された株式会社組織による水の供給という手法を採り入れて，現在に至っています．

7　上下水道の規制方式の現状と課題

　将来の水道経営システムを展望するためには，「規制と競争はいかにあるべきか」を考える必要があります．第一に，「参入・退出規制」の見直しが必要です．そこでは「誰が水道の担い手として相応しいか」という担い手をめぐる問題を考えることになります．その場合，参入規制の緩和と併せて退出規制および供給義務の履行の確実性をどのように担保するのか，を含めて検討されなければなりません．

　さらに，経済的規制のうち最も重要なものは，「料金規制」です．「サービスの質と量の確保・向上」のため，アセット・マネジメントや耐震化の推進が主張されていますが，これらを実現するためには，料金水準および料金体系の両面から見直しが適当でしょう．料金水準とは，水道料金収入

として回収すべき総額の決定です．料金体系とは決定された料金水準について，需要家および使用量などをもとに，どのように水量帯を区画して，それぞれの区画ごとにいくら回収すべきかを決定するということです．これらの料金規制については，地方議会の議決によって決定される方式を採用してきたこともあり，政治的な関与を受けた結果，電気料金やガス料金と比較して理論的な研究が遅れています．

今後は，合理的な料金規制のあり方を考える必要があります．少なくとも現時点では，公営水道の料金改定は厚生労働大臣への届出制であり，民営水道は認可制となっています．しかしながら，民営水道の料金を認可するための水道料金算定規則が未整備である点で，大きな問題を有しています．水道民営化が議論される機会が増えていますが，民営水道の料金規制が不十分な点は，もはや見過ごすことはできないでしょう．

さらには，「投資規制」として，たとえば耐震化の推進や老朽管更新の義務づけを行うなどの固定資産投資に関する規制を設けることも考える必要があるかもしれません．儲かる地域は，事業として成立しますけれども，そうでないところは手掛けない方が，民間企業にとっては合理的な行動になります．そのようなことがないように，投資促進の観点から規制を行うということ，さらには，これを裏づけるためには，財務・会計上の観点からも規制を適正化する必要があります．

8 水の技術と経営にかかわる会計基準の改正と適正料金の算定問題

ここであらためて，「技術と経営」の観点から考えていきたいと思います．前半では，技術と経済の関係について，総合的な規制枠組み，そして歴史を手掛かりとしながら振り返ってきましたが，ここでは最新の制度改正をもとに，「水道事業者は，現在どのような状況に置かれているのか」という点から考えてみたいと思います．

ここでは「新地方公営企業会計基準と適正料金算定」をテーマとしてとり上げます．これは平成26年度から本格適用された新地方公営企業会計が決算にもたらす影響に関するものです．この制度改正については，技術職員，事務職員を問わず，基礎的な理解が必要とされます．そうした知識が欠けていると，今後の水道経営の判断を誤ることにもなりかねません．

技術職員であったとしても，エンジニア・エコノミストという意識を強く持っていただくとともに，新会計基準をアセット・マネジメントの策定や料金適正化，予算編成に，どのように生かしていくのがよいのかという問題を考える必要があることを提起しておきたいと思います．

水道は，公営企業としてたしかに「企業」とは称されますが，予算は議会の議決であり，決算は議会の認定とされ，さらに料金は議会の議決とされていることから，あらゆる局面で議会による民主的統制がなされています．この議会による統制，すなわち民主的統制の枠組みから逃れることはできませんが，その根底には会計制度があるということです．

平成26年4月から本格適用され，翌年9月以降の議会で初めて報告される新公営企業会計の決算書に与える影響は，今後の経営方針のあり方を左右することとなります．第一に，これまでは「借入資本金制度」として企業債を資本として計上していましたが，これを負債に計上するという変更がなされました．次に，特に影響が大きいのが，「補助金等により取得した固定資産の償却制度」の変更についてです．

具体的には，「新公営企業会計への移行は，料金適正化にどのような影響を与えるのか」ということです．

---

(1) 水道事業の埋蔵金問題

新公営企業会計制度の適用で大きな話題になっているのが，水道事業の埋蔵金発見ともいわれる問題です．たとえば，ある政令指定都市の水道事業会計決算では，1,000億円を大きく超える当年度純利益が計上される見通しです．そしてこの1,000億円を超える「その他未処分利益剰余金」が利益処分されることとなります．水道事業は一般私企業と同様に利益処分を行える事業なのでしょうか．

水道事業や電気事業・ガス事業などの公益事業は利益処分にも法的規制がかかるべき規制事業です．勝手な利益処分によって公的インフラが維持・継続できないという事態は回避しなければならないことから，会計統制が必要と考えられています．

そもそも，この政令指定都市の水道事業の場合には，旧公営企業会計制度で決算を行った場合には50億円の赤字となります．50億円の赤字なの

か，あるいは 1,000 億円の黒字なのかという差が生じる背景には，過去に取得した固定資産の減価償却の計算方法の見直しがあります．新会計制度が変わることによって 1,000 億円を超える計算上の利益が生み出されたということです．つまり，手元の現金・預金はまったく増減がありませんが，計算上の利益だけが多額に計上されることによって，決算書上の形式的な経営健全化が進んだということです．

具体的には，平成 27 年 9 月議会で明らかになりますが，1,000 億円を超える金額とは，この団体にとっては 5 年から 7 年分程度の建設改良費に相当します．老朽化更新財源の確保や耐震化の推進の観点から，当該団体では料金値上げを検討しています．ところが，1,000 億円の利益を計上した水道事業者が，早急に水道料金値上げをしなければ財源が不足するという事態は，水道事業の本質的理解なしには，もはや納得してもらうことはできないでしょう．

さらに，資本費，すなわち支払利息と減価償却費の計算方法の変更の問題があります．従来の会計制度による計算方法であれば，ある水道事業者の場合，88.04 円の資本費となりますが，新制度では 71.64 円に低下しています．もちろん資本費は料金原価の一部を構成する費用なので少ない方がよいのですが，「どちらの数字を料金原価として今後の料金改定を考えるべきか」という問題につながることとなります．

このような差異が生まれた原因は，会計制度の改正に伴なう計算式の変更にあります．これは，「長期前受金戻入」という勘定科目が，新公営企業会計で新たに導入されたことによります．

具体例を示します．ある中核市の下水道事業は，これまで一度も黒字決算になったことがありませんでした．そのため経営健全化に向けて下水道使用料値上げを考えていたところ，今回の新公営企業会計の適用による影響で，決算書上，初めて黒字になりました．しかも，過去の累積欠損金 60 億円が一気に解消されることとなり，未処分利益剰余金は 66 億円になりました．つまり約 126 億円の利益が会計制度の変更によって，計算上，生み出されたのです．もちろん，下水道サービスにかかわる施設は，平成 26 年 3 月 31 日とその翌日の 4 月 1 日では一切変わっていません．この 1 日を境にして変わったものは，補助金等で取得した固定資産の減価償却の

会計処理です．この団体では，これまで毎事業年度の決算書が出来上がる
たびに，累積欠損金の解消策が問題とされてきましたが，新しい決算書上
では，長期前受金戻入という営業外収益が新たに計上されることとされた
ことに伴って，決算書上は良好で健全な下水道事業に変身したかのように
みえるということです．

　こうした利益計上は，これまで決算書に計上されていなかったものが，
平成 26 年度より突然に利益として計上されることとされたことから，一
部の間で「埋蔵金発見」と称されています．しかしながら，現実的に現金
が増えたわけではなく，あくまでも計算上の数字としての利益計上である
点に注意が必要です．

　日本の水道は現在，「更新財源がない」「耐震化率を上げなければいけな
い」などという喫緊の課題に直面していますが，議会や監査事務局からは
「決算書をみたところ，水道や下水道は儲けすぎなので，料金値下げして
はどうか」との要求がなされているようです．

　「耐震化推進，老朽化の更新」のための財源確保が重要とされている中
で，会計制度の変更に伴う多額の利益計上と料金値下げ要求問題が起きて
いるということを，関係者は認識しておく必要があるでしょう．

(2)　総括原価方式

　水道料金の決定方式は法律上，総括原価主義が採用されています．これ
は，損益計算書の費用項目を料金原価の基礎とするとともに，適正利潤を
含めて水道料金を決定する仕組みであり，理論的には水道事業会計は必ず
黒字決算となり，その黒字額をもって企業債償還や建設改良費の財源に充
てることとされています．したがって，法律が予定しているとおりの適正
料金を徴収していれば，赤字決算はあり得ません．さらに，耐震化推進や
老朽化施設の更新財源も確保されるよう，水道料金制度自体は設計されて
います．

　しかしながら，実際上の水道料金は適正とはいいがたく，ほとんどの水
道事業者では法律通りの総括原価方式が適用されていない，という現実が
あります．前半の講義では，「規制問題の中で，料金規制が中心的課題で
ある」ことを説明しましたが，これは適正な会計処理から導き出された料

金原価計算に基づくことが前提となっている，ということを再確認する必要があります．

水道料金は適正であることが前提であり，料金原価を割る安価な料金とすることは，昭和27年施行の地方公営企業法では予定されておりません．たとえば昭和33年の工業用水道事業法においても総括原価主義を原則とし，適正な利潤を含んだ料金とすることを前提としていました．しかしながら，当時，通商産業省が，製造業の発展を重要な戦略として掲げ，水を多量に使う製造業については，工業用水道に対して補助金を投じることによって安価な水を供給し，製造原価を下げ，製造業の国際競争力を高める戦略を取ったことから，例外として，料金原価を償わない低料金が適用される状況に至ったのです．このような工業用水道料金の登場とともに，実務上，水道料金においても料金原価に見合わない不適当な料金が徐々に浸透してきたようです．

要するに総括原価主義は，企業債償還および建設改良費の財源をねん出し健全経営を維持する仕組みとして法定化されているにもかかわらず，実務上，法律通りの運用がなされていないという問題を有しているといえます．

(3) 総括原価方式を支える地方公営企業会計制度

日本の水道の経営システムを考えることは，規制と競争のあり方を考えることであることは，すでに説明したとおりです．このうち耐震化推進や老朽管の更新財源の確保の観点からは，料金規制の適正化が必須であり，これを実現するためには総括原価主義を支える地方公営企業会計制度の理解と徹底が基礎となります．そこでここでは，地方公営企業会計の仕組みを説明します．

公営企業会計は，地方公営企業法20条「計理の方法」により規定されています．計理とは「計算整理」を意味します．公益事業の経済的規制たる料金規制のために複式簿記による企業会計方式を採り入れることによって，料金原価計算を適正に行う仕組みとしました．たしかに，形式的な決算書は，民間企業会計と全く同じように見えますが，決算書の読み方が全く違う点に特徴があります．

水道事業は予算制度を伴った会計であり，地方議会による拘束予算を前提として決算が行われます．民間企業では，法定の拘束予算というものはありません．予算は財政学の研究テーマであり，会計学で取り扱うものではありません．

　公営企業会計は，日々の仕訳および決算だけを会計学に基づいて行っているに過ぎません．さらに，水道料金を算定する場合には，「原価計算」を行いますが，この原価計算は，会計学で扱う「製造原価計算」ではなく，経済学で扱う「料金原価計算」です．経済学で行う原価計算とは，すなわち総括原価として，料金原価のほかに適正利潤を加えた料金水準の計算です．これは，会計学の問題ではなくて，応用経済学の問題になります．

　さらに，決算書については，監査委員監査に付されることとなりますが，これについては経営分析論の手法を使っております．結論としては，公営企業会計というものは，会計学の決算だけではなく，財政学や経済学などの領域を幅広く横断的に導入している地方自治制度の中における制度会計に他ならないのです．

　このような会計制度の設計に貢献したのが，東京都水道局から自治庁に派遣された中島通夫先生です．昭和26年当時，水道事業法を廃案にするとともに地方公営企業を作ろうとした自治庁は，東京都水道局より水道の専門家の派遣を受け入れて，地方公営企業制度を作りました．そのときに，東京都水道事業会計の予算制度・決算制度・料金制度を参考にして作り上げたものが，昭和27年度から平成25年度までの地方公営企業会計制度です．これは民間企業会計とは全く異なる会計制度でした．

　平成26年度から適用されている新公営企業会計制度は，国際会計基準および民間の企業会計原則との整合性を図ることを強く意識して導入されましたが，そこでは水道事業の特質，制度史そして会計という経営管理技術の継承がまったく行われておりません．現在考えなければならない問題は，たしかに会計制度の改正すなわち会計規制のあり方の変更ではありますが，改正後の決算書から導き出される料金規制や予算制度との関係は一切改正されていないという点です．

　会計規制と料金規制は，本来，表裏一体でなければならないはずですが，会計規制の改正にあわせた料金規制の見直しが行われていないため，すで

に説明したとおり，計算上の利益が生み出され，料金値下げを検討しなければならない状況に直面しているということです．総括原価主義である以上，適正利潤を超過した利益を計上している場合には，料金を値下げすることが理に適っています．しかしながら，耐震化推進の必要性などの現実的な問題に照らした場合には，料金値下げの余地はないでしょう．このような矛盾が生じているのは，会計規制に対応した料金規制の見直しが行われていないことによるといえます．持続可能な水道の将来のためには，水道料金に関係する所管官庁等は料金規制の見直しが急務といえるでしょう．コンセッション方式導入が議論されている現在，その成否は料金規制にあると考えられます．このようなことからも料金規制の見直しが急がれるはずです．

　会計規制と料金規制を考えるために必要となる着眼点は，水道という経営システムを維持していくための適正利潤はいかにあるべきか，ということです．これついては，昭和40年の国鉄基本問題調査会答申が参考になります．具体的には，公営企業における利益とは，民間における処分可能利益，すなわちに，もうけではなくて，「公共的必要余剰」であるという主旨の定義がなされました．公営企業というものは，常に黒字経営であることが前提であり，赤字にはならないことが予定されています．それを支えているものが，料金規制であり，適正な料金原価計算を行うことによって必ず決算を黒字にしなければならない，という仕組みが講じられているわけです．

　ここまでの話をまとめてみます．持続可能な水道の経営システムを考える場合には，アセット・マネジメントや経営戦略の策定が必須です．これらは，すべて会計情報と結びついており，予算編成と決算の適正化，適正料金の実現，アセット・マネジメントの実行などを連環したものとして実務で適用しない限り，技術的な業務に携わる職員の皆さんが，一生懸命に耐震化推進計画や定期的・規則的な老朽化施設の更新計画を作ったとしても，機能しないということです．要するに，持続可能な水道のための各種の計画が，予算制度からはじまる一連のマネジメント・サイクル，すなわち水道の経営システムに反映されない限り，決して実現できないということに気づいてほしいと思います．

Q&A　講義後の質疑応答

Q　先ほども規制と料金の話がありましたが，水道事業者によっては，簡易水道をはじめとして，はっきりいいまして，なかなか事業として難しい自治体が，たくさんあると思うのです．そのような自治体の場合も考えましたときに，やはり，料金なのか規制なのか，もしくは，民営化・自由化なのか，まだ，その辺りの解決策が，なかなか見出せないのかと思います．そのあたりを教えてください．

A　重要な問題と思います．特に簡易水道などは，そもそも成り立たないから簡易水道という枠組みで実施されているともいえます．そのようなことを考えると，現在の水道事業の構造を放置した場合には，一方で，独立採算として自立できるような強固な経営基盤を有した水道事業者の登場とともに，他方では，これまで以上に行政的な色彩を強く帯び，行政経費で支えなければならないような水道の登場も考えなければいけないのかもしれないと思います．

　ただし，この議論の前に，「簡易水道は，厳しい」といわれることがたしかに多いのですが，本当に自立に向けた活動を行っているのかどうか見直す必要があると思います．たとえば上水道事業への編入などによって再編成を進める枠組みはすでに用意されています．そのような枠組みの活用を検討し，水道広域化を推進することによって規模の経済を追求していけば，ある程度の経済合理性が得られるものと思います．そのような段階を経た上で，それでも取り残された水道事業がある場合には，行政的色彩を帯びた水道の維持の可能性と方策を考えてはどうかと思います．

Q　エンジニアは，これからの経営という視点で，非常に，いろいろなことを知っていなくてはいけないということですが，技術の方でどのように反映できるのでしょうか？

A　「技術者として，会計制度や料金制度などをどの程度理解しておくべきか，それはどこに役立つか」という主旨のご質問と思います．実務上は，施設更新における現場実態の把握とその対応策として，アセット・マネジメントの実施の面で生かせるでしょう．アセット・マネジメントのキーワ

ードは，「計画的・規則的な施設更新」ということになろうかと思います．その実施においては必ず財源問題が伴ってきますが，施設のあり方と財源問題を明らかにするものが会計制度であり，料金制度であるということです．

　私は，まだ日本でアセット・マネジメントが定着する前に，ある大都市の下水道事業のアセット・マネジメント計画を，技術職員の皆さんと一緒に策定した経験があります．その結果，よい計画はたしかにできましたけれども，下水道財政の担当者からは，「何を勝手に，こんな施設更新計画を作っているのですか．こんな事業費の予算は組めるわけがないでしょう」という反論を受けて，策定した計画自体を棚上げにされた経験があります．そのうえ，「アセット・マネジメントを技術屋さんが勝手に作ったけど，こんなことやったら，料金が著しく上がることになりますが，その点を理解しているのですか」という厳しい批判もいただきました．

　結局のところ，アセット・マネジメント計画を作るということは，予算に反映できるということが最も重要です．なぜなら，予算がなかったら事業ができないからです．このような経験に照らしていえば，施設問題を解決するためには，少なくとも会計問題，料金問題までを含めた基礎的な理解がないといけないでしょう．フランスのパリで，下水道エンジニアがエンジニア・エコノミストとして活躍したのは，「自分たちが設計したプランが，お金の裏づけをもって実現できるのかどうか」という問題に直面したからであったことを，ご紹介しておきます．

Q　上下水道一体で物事を考える，あるいは取り組むというようなことに，実際，経済合理性があるのでしょうか？

A　「上下水道一体」については，技術的な部分についての相乗効果は必ずしも専門の研究者ではないので，何ともいいかねます．しかしながら，経営管理技術としては明らかに共有できる部分があります．たとえば，会計処理やアセット・マネジメントの基本的な考え方，経営戦略の策定，あるいは水道料金や下水道使用料の適正な算定方式というようなところは，上下水道の統合による相乗効果が発揮できると思いますので，そのような点では，やはりメリットはあるでしょう．

問題は，各団体が置かれた水道と下水道の経営格差や，元々の成り立ちが，たとえば建設・道路から派生した下水道もあれば，水道から分かれた下水道もあって，事業の生まれや考え方などが違います．このような歴史的な背景も鑑みた上で，最終的には上下水道一体案を考えてはいかがかと思います．

Q　この新公営企業会計は，いつから適用されたのかということと，旧会計との移行期間のようなものはあるのかを教えてください？．

A　新地方公営企業会計制度の本格適用は，平成 26 年 4 月からであり，すでに実施適用済です．今後，初めての決算書が公表されますので，これをめぐって利益水準が妥当か否かの議論がでてくるものと思います．その後，すでにアセット・マネジメントを策定済みの事業体においては，新公営企業会計制度における決算数値とどのように調整するかという問題，さらに，料金改定をどのようにするかという問題に発展するものと思います．アセット・マネジメント計画を策定していない事業体においては，この新しい制度を前提としてアセット・マネジメント計画の策定を考えなければいけないということになります．

さらに，簡易水道や下水道事業において，現時点で官庁会計方式の単式簿記を採用している事業体にあっては，今後「法適用化」を行う際に，新地方公営企業会計制度を採用することになります．私が知っている限りでは，日本下水道協会や国土交通省などの見解は，必ずしも総務省の見解とは一致しない部分があります．ただし，下水道事業などを個別の事業特性に着目して考えた場合には，事業別会計として日本下水道協会などの見解には，ある程度合理的な考え方が含まれているものと思います．このような見解の相違については，それぞれの下水道・簡易水道の事業者の判断に委ねられているので，適正に事業を統制し，住民に対する適正なサービスの持続を行ううえで，最も適当と考えられる会計判断を行い，今後の料金適正化やアセット・マネジメント策定に生かすことを心掛けていただきたいと思います．

Q 新公営企業の会計がそもそも，どのような背景で，このような会計がなされたのかということを，お伺いしたいと思います？．

A 今回の改正理由は，「国際会計基準の適用」，ならびに「民間企業会計を最大限に取り入れること」，この二つが目的です．ただし，平成26年4月1日に，日本の水道が民営化されたわけではありません．また，国際展開をしている大企業などを対象とした国際会計基準と同様の制度を，必ずしも利益追求を主目的としない日本の中小水道事業者などの地方公営企業が採用する必要性があったのか否かという点に関しては，制度設計の過程でそのような議論が十分になされたという形跡が見当たらないことから，多少疑問を感じています．民間企業会計とは異なり，地方自治制度に組み込まれた地方公営企業の特殊性を有する事業であることを鑑みれば，今後は予算制度や料金規制などとの調整が必要になるものと思います．

第10講
雨水管理のスマート化

古米弘明
東京大学大学院工学系研究科教授

古米弘明（ふるまい　ひろあき）
1979年東京大学工学部都市工学科卒業．84年東京大学大学院工学系研究科都市工学専攻博士課程修了．84年東北大学工学部助手．86年九州大学工学部助手．88年九州大学工学部助教授．91年茨城大学工学部助教授．97年東京大学大学院工学系研究科助教授．98年同大教授．
著書に『ケイ酸――その由来と行方』（共著，技報堂出版，2012）．『森林の窒素飽和と流域管理』（共著，技報堂出版，2012）などがある．

はじめに

今日は,「雨水管理のスマート化」ということです.この「スマート化」という言葉は,平成25年に公表された新下水道ビジョンの中で使われていて,一部の事業体の人にとっては,「スマート化という言葉は,何か軽々しい感じがある」というご批判もあったかもしれません.しかし,深い意味でのスマート化について,私が考えていることを紹介したいと思っています.皆さんご存じのように,雨の降り方が変わりつつあり,将来もっと激しい雨が頻繁に降るだろうと言われています.下水道と河川が連携して対処することは進んでいますが,まちづくりの中で,「どう流出しにくいまちづくりをするのか」ということもあるし,同時に,地下空間なども考えながら「少なくとも人が亡くならないような安全管理をどうするのか」は,下水道,河川という二つの部局だけではなく,幅広く議論する必要があるということです.要は,被害が出ることを想定した上で,それをいかに最小化するか,ということが大事なわけです.

もう一つ,私が研究をしている合流式下水道の雨天時汚濁問題に関連した話もします.東京オリンピックにおけるトライアスロン会場としてお台場海浜公園が用いられるとすれば,前日に雨が降ったときどうするのかという懸念があります.それらに対応できる技術開発研究もスマートに行うことができるような状況にあります.

したがって,スマート化の意味は,降雨レーダや浸水解析モデルの活用というソフト面もありますが,賢い管理システムを考えるということです.そして,その管理を行う人がしっかりしているということが大事です.どのような状況の中でも対応能力の高い管理技術がある,ハード施設とソフト技術がうまく組み合わさっている,また,雨水収集・利用とセットで雨水流出抑制を行うなど多面的な雨水管理が,スマート化につながるのだろうと思っています.

1 都市の水管理と都市水害

都市の水管理,あるいは水システムを考える上で,「治水」「利水」「親水」「水域生態系保全」「水を介した熱管理」という五つの視点があるだろ

- 「治水」：安全・安心な生活と産業活動
  都市水害への対策のあり方へ

- 「利水」：給配水システム，排水・再生システム
  効率的な水利用と再生水利用へ

- 「親水」：水とのふれあい，新たな水空間
  都市の水辺，水路の再認識へ

- 「水域生態系保全」：環境収容力保全
  健やかさ，潤い，豊かさの向上へ

- 「水を介した熱管理」：ヒートアイランド対策
  快適さ，すがすがしさの確保へ

図1　都市における水管理：五つの視点

うと思っています（図1）．今日は主に都市水害の話ですので，「治水」になります．雨水利用という話になれば，一部，「利水」にもなります．浸透した水や，貯めた雨水をヒートアイランド対策で路面にまくという話になると，「水を介した熱管理」ということにもなります．単純に一つの視点だけではないという意味で，雨水管理を理解する必要があると思っています．

(1)　都市域の雨水流出過程

都市域における雨水流出過程ということで，水文・流出の素過程です．要は，雨が降って地面まで到達する過程と，到達した雨水が蒸発する過程です．図2には「蒸発散」と書いてありますが，「蒸発」は水面や地表面からで，「蒸発散」は樹木から出ていくものも含めています．「浸透」，「流出」の素過程を含めて，最終的には雨水は川に行きます．この図は，自然な丘陵地での流出過程だけでなく，市街地には下水道がありますので，その下水道を介した水の流れが存在していることを示しています．

だから，このように複雑化しているものを，いかにスマートに解析して，スマートに管理し，被害が出ないようにしなくてはいけないか，ということです．つまり，ポンプ管理，雨水貯留池の設置，管路のネットワーク化などの工夫も必要です．特に，豪雨の場合で河川水位が高いときにどうす

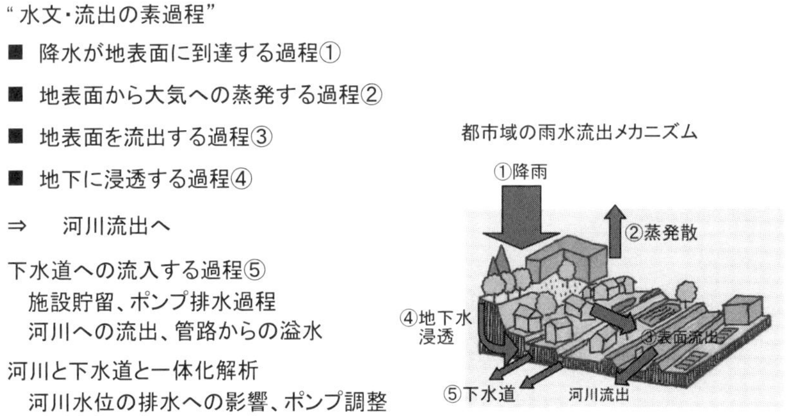

"水文・流出の素過程"

■ 降水が地表面に到達する過程①

■ 地表面から大気への蒸発する過程②

■ 地表面を流出する過程③

■ 地下に浸透する過程④

⇒　河川流出へ

下水道への流入する過程⑤
　施設貯留、ポンプ排水過程
　河川への流出、管路からの溢水

河川と下水道と一体化解析
　河川水位の排水への影響、ポンプ調整

都市域の雨水流出メカニズム

①降雨
②蒸発散
④地下水浸透
③表面流出
⑤下水道　河川流出

図2　都市域の雨水流出過程

ればいいかということについては，河川と下水道は一体的に解析をする必要があることを，まず，ご理解いただきたいと思っています．

(2)　集中豪雨が増加傾向

　図3は，国土交通省のいろいろな委員会でも使われてきていますが，多くの都市は，時間降雨50mmぐらいの豪雨に耐えられるように施設設計されていますので，ここ10年間を見ると，その豪雨頻度が増えてきていることがわかります．このデータは，アメダス1,000地点平均です．実は，昔の類似の図では，この30年間の間にアメダス地点数が増加しているのに，単純に観測地点数で増加傾向の図が描かれていました．しかし，何年か前に1,000地点当たりでの数値になりました．

　データを見るときは，うのみにしないで，「おかしいところはないか」と思うことは大事です．この図のポイントは，強い雨が増えているということです．時間降雨100mm以上の豪雨も増加傾向にあります．

(3)　都市水害と都市雨水対策の変遷

　河川氾濫による水害とは別に，都市水害を意識した重要な都市雨水対策として，1998年に「総合的な都市雨水対策計画の手引き（案）」が出ました．河川と下水道が連携しながら問題解決しようというものです．これは手引きなので，法的な拘束力はありませんが，連携関係を取るための対策

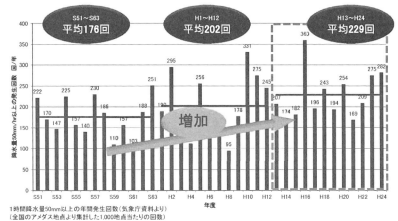

図3 集中豪雨の増加傾向

近年，局地的な大雨等が頻発しており，全国のアメダスより集計した1,000地点当たりの時間雨量50mm以上の降雨の発生回数は，年ごとにばらつきはあるものの，10年ごとに分析すると増加傾向にある．

計画が策定されてきています．

その翌年に福岡市で時間79.5 mmという雨や，東海豪雨，2005年の杉並区下井草での時間112 mmという豪雨などがありますけれども，都市型水害があったことを受けて「都市型水害対策に関する緊急提言」が出されました．私も検討委員会のメンバーでした．さらに，「特定都市河川浸水被害対策法」が公布され，施行されました．

その後，都市の浸水対策も考え直さなくてはいけないということで，10年前になりますけれども，2005年に「都市における浸水対策の新たな展開」が提言として出されました．私も，まとめ役としていろいろと発言させていただきました．それを受けて，現場の人たちのため「下水道総合浸水対策計画策定マニュアル（案）」や「内水ハザードマップ作成の手引き（案）」が出されたということです．

その後，2009年に「下水道施設計画・設計指針と解説」の改訂が行われています．これは重要な転換点だと思っています．今，まさに，次の改訂の準備に入っていますが，前回の改訂のとき，日本下水道協会技術委員会の中で，最後まで「『雨水排除計画』という用語だけでは，おかしい．ぜひ，『雨水管理計画』という用語も入れてください」と言い続けました．

- 1999年6月29日、梅雨前線による記録的な豪雨が九州地方北部を襲い、福岡市の中心部ではビルの地下階や地下鉄などで浸水被害。
  1時間雨量：79.5 mm
  http://www-vip.mlit.go.jp/river/saigai/1999/html/sete001.htm

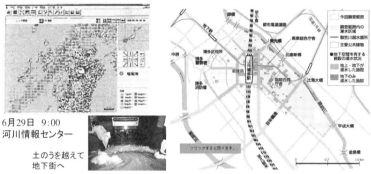

図4　無防備な地下空間を襲った集中豪雨

　これに対応するために，改訂委員で執筆を担当された事業体の課長さんたちは大変な思いをしたと思いますが，それを踏まえて書き替えてくれました．「雨水管理計画」が上位概念としてあって，雨水排除や雨水流出抑制を位置づけるという指針ができました．ある意味，大変なことを言ってしまいましたけれども，重要な貢献をしたかなとも思っています．

　そのようなこともあって，今日のテーマは，「雨水排除のスマート化」ではなくて，「雨水管理のスマート化」になっているわけです．排除だけの時代ではないということは前から言われていました．速やかに排除する時代から，雨に強いまちづくりをマネジメントする時代への流れはあったのですが，やはり，しっかりとそれを理解する人が増えないといけないし，それで設計できる人材もいないといけない，ということになろうかと思います．

(4)　無防備な地下空間を襲った集中豪雨

　1999年6月29日の福岡で，時間80 mm相当の集中豪雨があり，大きな被害があったということです（図4）．これは，地下空間に水が及んだことによって人が亡くなったということもありますし，御笠川の氾濫と連

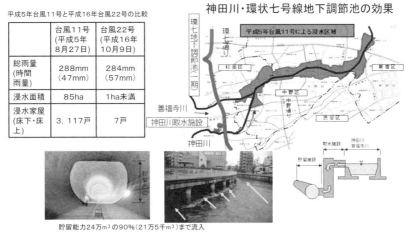

図5 浸水被害激減（地下調節池）

動した形で大きな被害が出ている都市型水害の事例です．これ以降，豪雨において「地下空間をどう守るのか」という話が出てきます．

2005年に東京区部において時間百十何mmという豪雨がありました．都市河川の堤防が一部壊れましたし，とにかく雨が尋常ではなく集中的に降ったということで，大きな被害が出たわけです．このような集中豪雨の被害情報を理解しながら，どう対策をすればいいかが考えられてきているということです．

図5は，神田川の浸水被害激減という事例です．この時点では，2期目の環七の地下調節池建設中で，半分ぐらい貯留容量が完成していて，次のところがまだ作業中のときに大雨が降ったのです．記憶では，工事中の区間には機械設備や資材が残っていたのだけれども，所長さんの判断で雨水を取り込んだようです．被害は発生したけれども，この判断によって，被害がだいぶ軽減したということです．

雨水貯留池のない時期で同じような豪雨のときには，甚大な被害があったものの，今回はこれぐらいで済んだということです．大変なコストと労力がかかっていますけれども，これで地下調整池による被害軽減の機能というものも再認識されたし，それをいかに上手に使わけなければいけないかということがわかる，大事な事例だと思います．

もう一つ，広域ではなく局地的に短時間に雨が降って，下水道の工事の方が亡くなった事例もあります．10分，20分前ぐらいの段階では，大した雨は降っていなかったのだけれども，突然，時間何十 mm の雨が降ってきたのです．上流側には降っていたけれども，作業している場所には降っていないことから，まだ工事作業中だったのです．警報も出ず，作業しているうちにぱらぱら来たので，「危ないぞ」と判断されたようです．しかし，既に上流には大雨が降っているわけだから，水が来て，結局，逃げ遅れたということです．

ほんの10分の間に，多くの水が出てきたということです．この点から，「局地的な大雨を，どう扱えばいいのか」という問題が新たに出てきました．台風性や前線性の雨，さらには，このような局地的な雨も含めて，都市の中で下水道というものが多様な雨に対応しないといけないし，同時に，雨水管理というものは非常に複雑である，ということがわかってきています．

管理のベテランの人が，「今までの経験から，これでいいよね」という方法が成り立っている間はいいけれども，今までの雨の降り方とは違うわけなので，経験だけでは不十分になってきたということです．そうすると，複雑なものを理解するためには，どう考えても定量的に評価するツールが必要になってきます．

2 都市浸水対策へのモデル解析活用

都市浸水対策を検討するために流出モデル解析を活用するということが，当たり前と言いますか，常識となっています．常識であるがゆえに，それを使えるエンジニアや，使った成果を正しく判断できる，理解できる管理者を増えていかなければいけません．モデルは入力に応じて結果を出します．しかし，それを闇雲に正しいと考えるようでは，かえって危ないということになります．

したがって，都市浸水の対策を効率的，なおかつスマートに実施するためには，多くの情報を正しく入手し，モデルに入力していろいろな可能性を解析することが非常に重要になってきています．

複雑にネットワーク化している下水道システムを対象に，いろいろなタ

図6　都市浸水対策へのモデル解析活用

イプの雨の解析をして，何年後までにどう対策を実施すると浸水被害が低減できるのかという効果を考える．過去の浸水実績をモデルで再現できるとともに，例えば，どこに貯留池を設けるのが有効かを評価したり，ポンプ運転を変えたときに管路内水位はどうなるのかという予測をしたりするという必要性があるいうことです．

非常に強い雨の場合，降雨レーダ情報や気象予測データを用いて早めに「危ないですよ」と警報を出せるという可能性を秘めていることになります．そうなると，必然的に，昔ながらのモデル解析では不十分なので，地表面をどう流れて下水管に入ってくるのか，あるいは，下水管のネットワークを水がどのように流れるのか，ということを把握しながら，最終的に浸水予測のモデル解析をして，より効率的な施設の運転管理のための情報を得る，ということになろうかと思います．

したがって，モデルを使った現状の診断力を高めることです（図6）．「診断する」と言えば，健康診断を思い浮かべるかもしれません．「私は，血管が弱い，血圧が高い，脳がおかしいかもしれない，肺が弱い」というように，地表面も含めて，下水道のシステムを人間の体と思えば，「どこに弱点があって，どこが強いのか」を理解すると，強いところは上手に使えばいいし，弱いところは補強すればいいのです．

薬を飲ませるのか，場合によっては何かサポーターを付けるのか，いろ

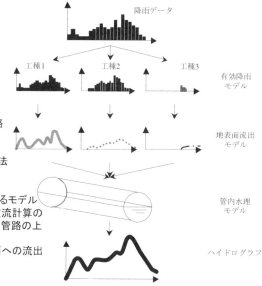

図7 分布型下水道モデル

　いろな方法があるので，やはり，「自分自身の体が，どうなっているのか」ということと同じように，「下水道システムが，その都市の中でどう機能しているのか」を知る必要があります．しかし，健康な人でも，暑い国に行ったら倒れるかもしれません．言い換えると，「どのような雨が降ったときに，どう対応できるのか」など，いろいろなことを考える必要があります．まさに，経験だけではなくてモデルで将来の予測までを考えるという時代になっています．

---

(1)　分布型下水道モデル

　それでは，分布型の下水道モデルの話に入ります．「どこに下水管があり，どうつながっているのか」という空間分布を考えたモデルです（図7）．広域に雨を見れば一様には降っていないので，「1 km 先，2 km 先まではこの程度の雨．けれども，今はここには降っていない．それで，どんどん近づいてきている」というように，雨の時空間分布情報を入れることができます．そうすると，公園，道路，建物というように，地表面の特性によって雨水流出に関わる有効降雨を計算して，次に「それが，どう地表

面を流れていくのか」をモデル計算して，流出水が下水管にどう入ってくるかということを表現できるということになります．

　一旦，下水管の中に入れば，管路の流れの計算になります．皆さんご存じのように，定常流の等流では，水理学で学んだマニング式で流速を出しますけれども，分布型下水道モデルでは，サンブナン式という非定常の解析ができる運動方程式を解いています．与えられた管渠（かんきょ）の構造に基づいて，時々刻々，「どの地点で，どのような流量で，どう変化するのか」という計算が，しっかりとできる時代になってきているということです．要は，モデルを十分に理解せずに，間違った情報を入れると正しい結果も出てこないということになります．

(2) 下水道台帳データ

　日本は幸いにも，下水道台帳というものがしっかりしています．東京を代表に，横浜，仙台など，大都市では台帳データが電子化されています．下水管が，どの位置にあり，どのような大きさなのか，どのような勾配を持っていて，どのような高さにあるのかということが，電子的に定義されています．それは，先ほど申し上げた管渠の流れを計算できる基本的な数値の情報を，電子的に持っているということになります．

　もう一つ重要なことは，下水管に入ってくる雨の集水域に公園があるのか，道路が多いのか，住宅があるのか，というような土地利用データを考慮すると先ほど申し上げた有効降雨の情報が決まります．施設とともに土地利用のデータがしっかりと作られているということは，情報ストックとしては非常に重要なことです．

　下水管のネットワーク情報と地表面の土地利用情報をリンクすることによって，雨が降ったときに，どう流れ込んで下水管の中に入るのか，場合によっては，下流側の影響を受けて下水管から溢水するという計算もできます．1D モデルと言われる管渠の 1 次元モデルと，2 次元の地表面流れと連動させた 1D2D モデルでの解析もできるようになっています．

　私は実施していませんが，地下鉄の入り口から雨水が流入したとすれば，地下街の中，さらにはトンネルの地下鉄網を新しい管渠と考えれば，地下鉄網を水がどう流れるかという計算もできるということになります．要は，

時空間情報を，下水管以外の地表面も含めて，いろいろとモデル化することによって，複雑な雨の流れと同時に，下水管，地下空間の流れという計算もできるという時代です．

地表面に溢水した場合には，道路の勾配に応じて水は流れます．したがって，道路を仮想水路として，管渠の1次元モデルとつなげたモデル，1次元管路モデルの拡張版とも言える2層構造のモデルで解析するという方法論も提案されています．

したがって，モデルはどんどん拡張していきますし，複雑になります．それが，どのような構造で，どうなっているのか，ということを理解した上でモデルを使わないといけません．また，管渠データの精度や，地表面の標高データ，あるいは土地利用の情報データの質が高いかどうかが重要になります．

雨の情報が，どれぐらいの精度で，どれぐらいの時空間解像度で提供されるのかということ，地表面の情報が，どれぐらい精度が良くて，正しく表現されているのかということ，さらには，施設計画時点の下水管情報はあるのだけれども，現場施工のときに変わっている場合や地震によって管渠構造が変わっている場合もあることから，いろいろなところに不確定要素があるわけです．

多種類のデータを利用して，効率良く，バランスを取った形で，モデル化していくのかということが胆になります．過信してもいけないし，あまり過小評価する必要もありません．言い換えると，モデル解析結果を理解しながら，現象を正しく表現できるかどうかがわかった上で，モデルを使う人材が増えていかなければならないということだと思っています．

(3) 鶴見川流域の管渠ネットワーク

ここからは，特定都市河川になっている鶴見川流域の話です．モデルに管渠ネットワークデータを入れて，ポンプ排水をするという関係を解析しました．これが管渠ネットワーク図です（図8）．ここでは管径600 mm以上だけを対象として，細い管までは入れていません．要は，主要な幹線に雨がどう入ってきて，河川にどう排水されるのかということと，ポンプ場が13個あるという，非常に複雑な状況のもとで浸水計算するということ

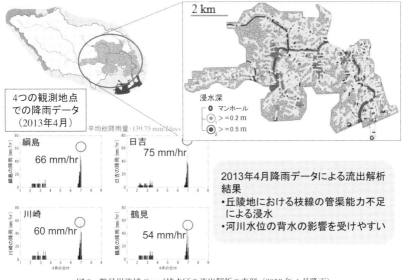

図8 鶴見川流域ポンプ排水区の流出解析の事例（2013年4月降雨）

です.

　点がマンホール，矢印は水の流れ方向，ここは河川につながるポンプ場と吐口があって，このようにモデル上でデータが表示されてくるわけです．そして，管渠などの施設データだけではなく，ポンプがどう稼動するのかという運転情報もモデルに組み込んで解析をしないと，正しく流出解析ができません．この排水区では，四つの降雨観測地点があり，アメダスのデータもあります．非常に短時間に強い雨が降った場合の計算事例ですけれども，その雨の分布を考えて，流出解析をするということです．そうすると，このような所で溢水をしているということがわかります．

　結果は出ます．しかし，これが正しいかどうか，要は，「実際に，何時頃に，ここで浸水した」というデータがないと，信用してもらえないわけです．言い換えると，モデル計算はできても，そのパラメータの検定がなされ，より多くのデータで検証する努力をもっとしなければいけないということです．

　きっと，河川部局では，河川水位の変化，流量のようなものを，しっかり取得され続けてきています。下水道部局も，やっと管渠内の水位や流量を取らない限り診断力が上がらないということで，急速に，管内水位の観

測が進んでいきます．要は，モデルがあったとしても，それが信用に足る
ものであるかどうかというキャリブレーションや検証ができない限り，誰
も信用してくれないので，そのための水位データをしっかり取るというこ
とになります．

　モデルにはもう一つの魅力があります．「このような結果なら，どこで
モニタリングをしておくと非常に効率的にキャリブレーションができる」，
水位観測を 10 箇所と決めたのなら，「どことどこが，現象を捉える上で
非常に重要だから，そこに水位センサーを置こう」ということが，逆に言
えるのです．このように，モデルとモニタリングをリンクさせてモデルを
高度化するということは，双方向で現象を理解する必要があるということ
です．

　完全に浸水状況を再現できているかどうかは別にして，少なくとも「こ
のようなところで浸水が起きやすい」という実績はあるので，そのレベル
では検証できているのです．ある程度正しいとすると，「なぜ，ここで浸
水したのか」「どこに弱点があるのか」という問いが出てきます．そうす
ると，「そこを，どう管理すればいいか」ということを検討して，解決策
を提案することができるようになります．

　モデルの魅力的なところは，現場での実験ではなく，先ほど言ったよう
に，「ポンプ井の水位が幾らになったら，ポンプは動きます」という情報
を入れて仮想的に解析できるところです．図 9 のように，「ポンプが全部
止まると，これほど被害が増大する」ことを示すことができます．言い換
えると，「ポンプがどれだけ頑張っているか」ということを評価する，定
量的にわかりやすく示すことが可能です．

　都市型水害に関して，住民とコミュニケーションをする上で，いろいろ
な浸水解析のシナリオを見せることによって，下水道が担っている力を示
し，河川の水位が上がってポンプ排水能力が低下している状況，あるいは，
ポンプを停止しないといけないという状況が起きたときに，どのようにな
るのかを示すことができるということです．

　完全には正しくないとしても，少なくとも相対的な傾向を示すことはで
きるわけです．コミュニケーションツールとして必需品になりつつあるの
ではないかと．しかし，モデルを正しく理解した人が，正しくコミュニケ

> 極端なシナリオとして、ポンプの通常運転と全ポンプ停止における浸水状態の比較を行うことで、ポンプ排水に効果を評価することも可能となる。
> 河川と下水道の一体化モデルを作成することで、河川洪水時などにおけるポンプ運転調整のシナリオを検討することも可能となる。

図9　ポンプ運転に関するシナリオ解析

ーションできるデータを出さないとだめなので，危険性を孕んでいます．間違った情報が出ないように，適切にモデルを使わなくてはいけません．

(4) モデル解析の高度化への課題

モデル解析の高度化は非常に重要で，高度化できるとスマート化につながると，私は思っています．一部の人しかモデルを使えないのではなく，当たり前のように普通に使うということが肝要です．そうすると，現象を再現できるモデルを構築しないといけないし，地域ごとのモデルパラメータをしっかりと決めるための検定や検証のデータが必要です．少なくとも，正しくモデルが使える技術者や，解析結果を正しく解釈できる人材の育成というものが，とても大事なのではないかと思っています．

そのためにもモデル検証データをしっかりと取得するということが必要になってくると思います．したがって，管内水位や浸水深を測る，そのような記録をアーカイブ化しておくということはとても大事で，そのお金を惜しんではいけないと思っています．幸いにも，XバンドMPレーダやアメダスの情報がありますので，その降雨情報と連携して管内水位や浸水深のデータを体系立てて持っておくということが，とても大事です．

何でもかんでも行政主導でやらなくてはいけないかと言いますと，そのような時代でもないので，豪雨の後に，地元住民の「ここは，浸水した」

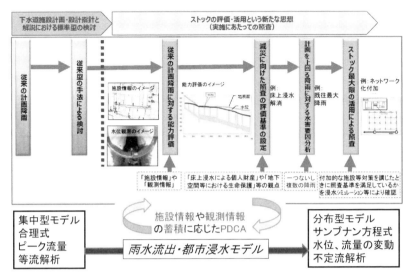

http://www.mlit.go.jp/common/001035474.pdf
図10 ストックを活用した都市浸水対策機能向上のための新たな基本的考え方（概要版）

という情報でもいいし，タクシーの運転手さんが登録されていて，「今この道路を通っているのだけれども，浸水し始めています」という情報を提供するシステムを考えるなど，いろいろな工夫がありえます．

これはコンビニの話です．コンビニは必ずビデオカメラが動いているので，「大雨が降ったときだけ，5分間に1回，道路側を映す」というようなことをすると，そのときに水深がどこまであったかということも記憶できます．いろいろと工夫できることを考えればいいわけです．いろいろな人の情報を，いかに効率良く集めてくるかということが大事だと思っていて，それが，モデル解析の高度化に最終的にはつながるということです．

(5) ストックを活用した都市浸水対策

2016年4月に「ストックを活用した都市浸水対策機能向上検討委員会」で取りまとめを行いましたが，下水道施設のハードのストックだけでなく，雨の情報や管路内水位の観測情報のようなものもストックとして扱って，有効に解析しましょうということが示されました（図10）．従来の浸水被害のレベルは，「床上浸水何戸，床下浸水何戸」ということでしか整理されなかったけれども，「何時何分に，ここで浸水して，2時間後には引い

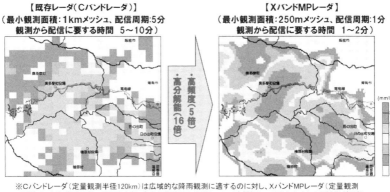

図 11 X バンド MP レーダについて

た」など，要は，従来型の災害情報ではなくて，「どのような経緯で流れ，何時間は浸水していた」というように，高度に時空間の浸水情報を，しっかり取ることが大事なわけです．

先ほど，下水道施設の現有能力を最大限活用するには，モデルを活用することが大事だと申し上げました．それはなぜかといいますと，元々の施設は，分布型の流出モデルで設計しているわけではなく，ピーク流量を求める合理式とマニング式を使って施設設計してきています．施設には余裕があるわけで，分布型のサンブナン式の非定常モデルで不定流解析をすることで，施設能力を最大限活用するための管理方法を進化させていく．これによって被害軽減をする，という時代になってきているということです．

(6) X バンド MP レーダ降雨の活用

降雨情報として，X バンド MP レーダは当然利用しないといけません．それに関する技術資料が，1年半前ぐらいに出ています．要は，雨の情報を 250 m グリッドで，1，2 分間隔で使える時代が来ているということです．気象庁の C バンドレーダでは，1 km グリッドで間隔が 5，10 分です．空間解像度が 16 倍，時間解像度が 5 倍と考えれば，16×5 だから，80 倍，時空間解像度が上がった情報を持っているということになります（図11）．

このような情報はあるわけですから，これを使わない手はないし，使わ

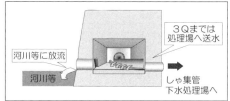

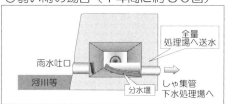

http://www.env.t.u-tokyo.ac.jp/~furumai/CSO/020423-2.PDF
図12　合流式下水道改善対策（東京都下水道局）

なかったら，「国土交通省は何のために税金を使っているのだ」と，後で怒られてしまいます．貴重な税金で導入されたものを最大限に使うようなことを考えなければいけないし，将来的に日本の新しい技術として，海外の雨水管理ビジネスへの進出に生かすこともできると思います．

　また，気象庁は，短時間予報や降水ナウキャストの情報を提供しています．1時間先，6時間先の降雨予測情報も持っています．「今降っている」というレーダ情報に加えて，精度の高い降雨予測情報があれば，先ほど言ったように，「どこで，どう施設管理すればいいか」「ポンプを，どう運転すればいいか」などのシナリオ検討することが可能になります．

　今のところ，250m解像度での予測はまだ30分先までのようです．1時間ぐらいになってくると，ポンプ運転でも，かなり役に立つと思います．しかし，気象予測のモデルのレベルが上がることを想定しながら，都市浸水解析の高度化を考えないといけないはずです．

---

(7)　合流式下水道問題

　ここから合流式下水道の話をしたいと思います．平成14年にオイルボールがお台場海浜公園に漂着したことがきっかけで，合流式下水道の問題が社会的に認識されました．図12は東京都下水道局のホームページにあ

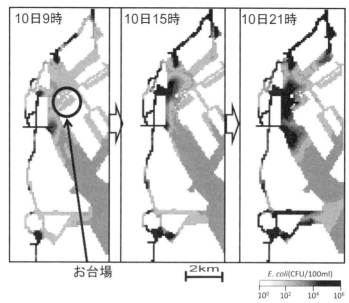

図13 降雨後の表層水大腸菌濃度の分布

った，「雨が降っていないときは左上側，雨が降っているときは右下側，雨が降ると越流水が出てくる」「年間約30回越流回数がある」ということを説明している図です．合流式下水道なので，雨が降ったときに，一部，未処理の下水が出るという現象があって，それが問題になっているということです．

雨が降った後に沿岸域で採水調査をして水質データを取得しました．下水道からの汚濁排出源の位置がわかっているので，その情報をモデルに入れて解析するということをしました．図13は，台場周辺海域における大腸菌の濃度を計算したものですけれども，「雨が降ったら，このように濃度が変わっていく」ということを表しています．

すべての汚濁源を考慮したものに対して，このように「隅田川沿いの汚濁物が全然出てこないとすると，どうなるか」，あるいは，「目黒川から出てくる汚濁物を完全にカットしたとき，どうなるか」というシナリオ解析も行うことができるということです．

現在のモデルでは，まだ下水道からの排出汚濁量や都市河川を介した流出汚濁量の精度があまり良くありません．そこで，先ほど言った分布型の

下水道モデルと都市河川モデルを構築して，これらを組み合わせることによって汚濁物の排出量や流出量の精度を高いものにして，解析を台場周辺海域で行いたいと考えています．そして，「降雨後におけるお台場の汚染を防ぎかったら，こうしたらいいのではないか」という対策を提案できればと思っています．しかし，下水道分野での対策だけでは限界があることから，お台場海浜公園における降雨後の水質保全には，台場や旧防波堤の隙間に対策を施すことが一番効率的ではないかと，個人的には思っています．

　すなわち，まずは「下水道側でどんな発生源対策ができるのか．どれだけ汚濁負荷削減に貢献できるのか」ということを定量的に理解する必要があります．このモデル計算自体にも，荒川からの隅田川への分派量やその汚濁負荷量の情報も不確定なところがあります．したがって，このようなモデル解析を行って，「どこが一番わかっていないのか」や「どこの汚濁源が，お台場に影響してくるのか」を知った上で，降雨後の水質モニタリングデータを取ることも大事だと思っています．

3　都市再生時代における取り組み

　当初言ったように，下水道は下水道，河川は河川で頑張るのではなく，今からの都市の雨水管理はまちづくりの中で考えなければいけません．日本の人口も1億2,600万人あまりで，また年間で20万人減りました．東京都の人口はまだ減ってきていないものの，人口減少時代になっていることから，「まちをどう再生するのか」ということは，非常に重要なことです．

　都市雨水管理面から「雨が流出しにくいまちをつくる」ということです．以前から言われているように，貯留や浸透の機能を持たせる，あるいは，再開発事業のときには流出抑制対策を導入するインセンティブを与える，道路整備では透水性のものを入れる，あるいは，公園や校庭の整備のときに貯留施設を入れるというように，建築や都市計画の分野といかに連携するのか，要は，「まちづくり，都市整備の人と，雨水管理について同じ言語でコミュニケーションをするか」ということは当然だと思ってもらいたい．

都市全体の構造を見渡しながら、居住者の生活を支えるようコンパクトなまちづくりを推進（多極ネットワーク型コンパクトシティ化）していくこと

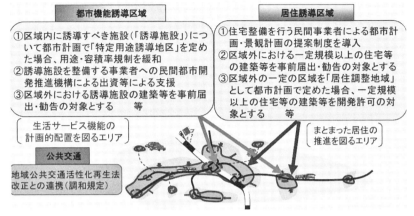

図 14　都市再生特別措置法等の一部を改正する法律案

　既に河川と下水道の連携は進んでいますけれども，プラスアルファの連携が必要になってきています．雨の降り方が大きく変わってきていますので，それにも対応できるようにするために，アーバンプランナーと，「今はこうだけれども，10年後と言わず，50年後には，このようなまちにしよう」という議論を一緒にする必要があると思います．

　そのとき，下水道の話については，下水道のプロが，「このような雨の降り方になると，こうなるので，このような場所に家を建てては危ないね」という話をするだけではなく，「このようなまちづくりをしてくれたほうがいい．都市再生する際には，こうしたほうがいいのではないか」と，住民に伝えることはまだ難しいかもしれませんけれども，行政の中で，都市計画，都市再生のまちづくりを考える方々に，下水道サイドからアプローチをかけて，お話しするということが大事なのだろうと思います．

(1)　都市再生特別措置法の一部改正

　そのチャンスはまさに来ていて，2014年の8月に，都市再生特別措置法の一部改正を受けて，都市再生基本方針が出ています（図14）．その中に，「いかに多極ネットワーク型のコンパクトシティ化をするか」ということがあります．そのような内容を，都市雨水管理をする側として見たと

き，居住誘導区域，都市機能誘導区域が設定されていますので，都市計画の分野で考える都市構造の中に下水道がどう配置され，機能すべきなのかという話を，都市計画の方々ともっとすればいい，と．

「下水道は，下水道のことしかわかりません」では，相手とうまく会話ができないわけなので，相手の得意としている，知っていることを，ある程度勉強して，それに合わせて都市雨水管理の観点から，都市を再生する切り口を提案することは，とても大事なのではないかと思います．

---

(2) 都市水害への連携対応の推進

繰り返しになりますけれども，都市計画との兼ね合いというものをしっかりと考えるということです．少し極端な話を後でしますが，例えば，都市計画税に関連して，雨水流出しやすい家を建てた人からは余計に税金をいただく，という時代が来ているのではないかと．税金で取らなくても，別の方法でもらってもいいのだけれども，雨水処理料金のような課金制度なり流出抑制へのインセンティブを与えるような制度なりが必要だろうと思います．そうなってくると，やはり，都市計画とのつながりをしっかり理解した都市の水管理システムが必要になってくる，ということになります．

もう一つは，東京などの大都市については，地下街など多くの地下空間をつくってきましたが，本当にそこは安全なのかということも，再検討する必要があります．また，浸水時には道路に水が流れるのですから，その辺りの兼ね合いも含めて，道路管理部局との関係もあります．

道路管理に関連して，思うことがあります．「植樹帯を，必ず道路排水が入るようにつくってほしい」「中央分離帯には必ず水が行って，そこで水がしみ込むようにしてほしい」と思うのだけれども，中央側が低いと，両車線の対向車同士が近づいてきてぶつかる可能性が高まるので，そのような道路構造にはできず，中央部分が必ず高くなっています．「でも，中央分離帯がある場合は適用できるのでは」とも思うので，中央にしっかりとした植樹帯をつくって道路排水を浸透させれば，散水もしなくてもいいし，便利だと思うのです．

要は，今までの常識にとらわれないで，道路のあり方，あるいは，舗道

図15 メルボルン市のWSUDの概念

のあり方，駐車場のあり方などを今一度考えるべきではないのかなと，個人的には思っています．また，既に始まっていますけれども，建築の方々とのつながりの中では，雨水収集と利用を進めていくことも大事です．

ただ，住居での雨水貯留・利用のよる流出抑制という効果を，個人的には，過大評価をしないようにすべきと思います．しかし，少しだとしても貢献しているという意味はあります．雨水利用と浸水対策というものは，若干距離がありますけれども，積極的に建築の方々と会話をすることは，とても大事だと思っています．

---

(3) オーストラリア・メルボルン市の取り組み

今から紹介するものは，Water Sensitive Urban Design（WSUD）という，オーストラリアでの概念です．都市デザインを考えるとき，水のことについて意識を持ってやるということです．図15はメルボルンの事例ですけれども，「生態系に配慮した持続可能な開発」という大きな命題のもとに，「水に敏感な都市デザイン」を考えて，都市デザイン，建設の形態，都市

Sand filter

Bio-retention swale

Rain garden

Constructed wetlands

http://www.wsud.org/downloads/WSUD_Program_Flyer_10_10_06.pdf

図16　オーストラリアの雨水流出抑制の例

の水循環系を考えています．雨水だけではなく，汚水や水道水も含めて，総合的な都市水管理の中で雨水管理を位置づけているところが大事な点です．要は，「雨水管理者としても，都市全体の水循環システムを理解しておくことが大事だ」ということが，この事例です．

　ここからは，ホームページ上に掲載されているものを紹介します（図16）．気象条件が異なるメルボルン市での事例なので，日本にそのまま導入できるかどうかは別として，「50年後の日本は，まちをどうつくるのか」という発想で言うと，学ぶべき点はあるし，日本向けに改良するべき点もあると思います．

　先ほど申し上げましたが，この道路では排水を中央部に集めて浸透させているわけです．勾配をこうしておけばいいだけということなので，私は，このような工夫をしたまちづくりを試みることは重要なことではないのか，と思いました．これは，道路沿いの植樹帯のところに雨水が貯まるようになっていて，浸透させるというシステムもあるわけです．「Rain garden」とか「Bio-retention swale」という用語が使われています．日本でもできそうなことなので，地道にやっていくということはとても大事だと思いま

- ▪ 「排除・排水」から「抑制・管理」へ
  流出抑制（浸透・貯留）の積極的導入へ
  大規模集中型から小規模分散型対策とのハイブリッドへ

- ▪ 「経験・実績」から「予測・制御」へ
  降雨予測の高度化
  浸水・氾濫シミュレーションの活用
  モニタリングとモデリングの連携と融合
  既存施設の機能の最大限活用
  リアルタイムコントロールの適用

  機能診断と定量的評価
  効果的で効率的な対策
  検討のために
  住民参画・連携の推進
  住民を意識したわかり
  すい対策効果の表示

- ▪ 「守り」から「攻め」へ
  管理・モデル検証のため管内水位のモニタリング
  量抑制に加えて、涵養・ノンポイント対策を含めた多機能

図17　雨水管理のスマート化への道

す.

　さらに，流出抑制機能以外に，市街地排水には道路塵埃などの汚染物質が含まれるので，そのまま受水域に排水しないで，汚染対策としての人工的な湿地をつくるということも行われています．日本の場合，土地開発において流出抑制の雨水調整池が整備されますが，その際コンクリート張りでつくられているところが多いのだけれども，そのような場合でも一工夫する．最近では，調整池をビオトープとして利用する試みもありますけれども，このような湿地を開発地区で分散させて緑地として設置できるとよいのではと思います.

4　雨水管理のスマート化への道

　まとめに入ります．図17をごらんください「排除・排水する」時代から「流出抑制で管理する」時代になりました．集中豪雨のある日本の場合，浸水対策の大規模施設は絶対に必要です．しっかりとハード施設は入れますが，大規模ハードだけを頼りにするのではなく，地道に小規模分散型施設やソフト対策をハイブリッドで組み合わせて対応することが，正解だろうと思います．雨の降り方が違うヨーロッパ，オーストラリアやアメリカの雨水対策がそのまま使えるとは思えません．いいところは採用するけれども，やはりモンスーン気候ならではのしっかりした施設整備をする基本

は変わらないと思います.

　その上で，スマート化です．その手段としてモデル解析の高度化ということになります．降雨予測の高度化，あるいは，浸水シミュレーションの活用，モニタリングで強化されたモデルの検定のようなもの，そして，それらが進めば，既存ストックの最大有効活用ができる．さらに，予防的に，予見的な対策を進める．例えば，リアルタイムコントロールの導入です．降雨予測やモデル予測の精度が上がれば，必然的にリアルタイムコントロールで，ストックを浸水防止に最大限まで活用する可能性が拡がってきます．また，合流式下水道雨天時越流水（CSO）対策にも役立てる方向にいくべきだと思っています．

　最後は，モニタリングのところにつながりますけれども，モデルはあるのだから，それを最大限に使うためには，モニタリングを本格的に重視し，「どうモニタリングするといいか」という方法論のようなものを，早急に立ち上げる必要があります．また，貯留・浸透対策の話をしましたけれども，雨水浸透させれば地下水の涵養にもなっているし，普段の降雨の流出抑制により CSO の発生頻度も下がるはずです.

　さらに，地表面の汚濁物も浸透施設でトラップできるのであれば都市ノンポイント汚染対策にもなります．「浸水対策＋地下水涵養＋ノンポイント対策，さらには CSO 対策」のように，一つで，三つ，四つもおいしいというようなこと．それを上手に総合的に評価したら，「少し費用は掛かるけれども，様々なメリットがあるのであれば導入しましょう」という住民を増やすことにつながる．あるいは，そのような雨水管理に関するコミュニケーションができる技術者，行政官が増えてくることが，とても大事だろうと思っています.

　そうすると，最初に話した診断力，それを定量的に数字として表示できるか，あるいは視覚的に表示できるのかということと，それを使って，「どのような対策が，どう効果的なのか」ということを，示すことができます．それが進むと，きっと住民の方々が参画できるようになります．連携です．そして，住民の参画を誘導するためには，わかりやすい表示をする力があるかどうかが，とても肝心だろうと思っています.

　昨年公表された新下水道ビジョンにおいて，「雨水管理のスマート化」

が示されました．見ておられる方も多いと思います．そのなかのキーワードとして，「雨水管理の費用負担のあり方」という項目があります．これについては，私が委員会で，「残してほしい」と言い続けて，やっと残していただいたものです．税金や料金という表現は使えないけれども，雨水管理の「費用負担のあり方」という形で生き残ってくれました．個人的に，非常にうれしかった点です．

　雨水処理料金の負担のあり方について，個人的な考えを紹介します．日本の場合は「雨水処理料金」という概念はありません．雨水管理は公費で，汚水は下水道使用料という私費で対応する考え方が，昭和62年下水道管理指導室長通知で出ています．「もうそろそろ，その通知を見直ししようではありませんか」ということが私の趣旨で，海外では雨水処理料金を負担する仕組みがあり，家の建て方や雨水流出の仕方によって，雨水処理の料金を設定している自治体があります．

　自分が汚水を出せば，汚水の処理料金を払うと．この家からは雨水がこれだけ出ているので，その分だけ料金を払うと．払いたくなければ，浸透する，貯留すると．ある一定以上の雨水流出をさせていないことを証明できれば払わなくていいということは，非常に理に適っているし，わかりやすいです．ただ，それだけですべてが済むわけではありません．当然，公費でしっかりと大きな施設を整備するし，徴収した料金を流出抑制策に有効活用できるような方法論があるべきです．海外の事例を参照して，導入すべきだろうと思うので，このような考え方を多くの方に知っていただきたいと思っています．

　雨水処理料金の話になりましたが，スマート化の話のスタートは，どのような現象が起きているかということを，しっかりと高度な情報を収集して，浸水のモデル予測をすることだと考えています．そのためにも，モニタリングデータもしっかりと取得しないといけないし，住民にその知見をわかりやすく示して，賢い住民を増やすことによって，効率的な施策，対策費用を確保するというようなことにつなげる必要があります．効果的な事業計画，高精度の情報収集，モニタリングの実施，モデル利用，さらには費用負担のあり方の賢さなどいろいろあるのだけれども，結果として，雨水に関して賢い人材を増やすということが，雨水管理の広い意味におけ

るスマート化につながるのではないかと思っています.

　要は,幅広く雨水管理について,住民,技術者,さらには行政官,私のような研究者も含めて,いろいろな方がコミュニケーションをしながら皆が賢くなるという方法を考えていくことが,雨水管理のスマート化ではないかと思っています.

Q&A　講義後の質疑応答

Q　神奈川県の鶴見川流域においてモデルで浸水解析された例がありましたけれども,これは,検証と言いますか,モニタリングのポイントを設けて,このモデルが妥当かどうかという検証をされたのでしょうか.

A　今ちょうど,丁寧な検証をやろうとしています.横浜市さんから,過去十何年分の浸水情報を提供いただき,計算結果との整合性を調べています.今日はお見せしませんでしたが,2014年10月の台風18号による豪雨の際に,新羽末広幹線に38万 m^3 貯まったのですが,モデルでもほぼ同じ量を再現計算できましたので,横浜市さんにも評価していただきました.

　しかし,局所的な溢水箇所については十分には再現できているかの確認はできておりません.だから,いろいろな形でモデル検証をする工夫は必要です.しかし,「ここが浸水した」という詳細なデータは入手困難で,公表もしにくい部分もあることから,上手に,そのようなデータを蓄積してモデル検証をするということは,大事だと思いますので,管路内に水位センサを設置しようとしているところです.

Q　リアルタイムコントロールは,まだ,これからだと思っているのですけれども,先生がお考えの今後の難しさ,それを実現していこうとする上で何が課題かを教えてください.

A　東京都と大阪市などの大都市が決断するかどうかが,一番大きな課題です.大都市のやる気と国土交通省がそれを支援できるかどうか,が大事

なのではないかと思います.

　リーダーシップが大事であることはまず置いておくと，現状で導入まで至らない一番大きな理由は，やはり，まだ技術的に予測モデルの完成度が高くないというところです．完成度や信頼度をもう少し上げなければいけません．我々のモデルだって，この程度の検証レベルですので.「きちんと再現ができました」という事例をどんどん増やしていくと,「もうそろそろ，リアルタイムコントロールに行ってもいいかな」となるでしょう.

　先ほど言ったように，一番大事な突破口は，モニタリングデータの蓄積で，モデルがそれを再現できることを証明することだと思います．モデル解析が常識になれば，次のステップに行けますね.

　リアルタイムコントロールは適切に利用しないと逆に浸水リスクが高くなるので，モデル予測計算がうまく動いて初めて,「これだけできるのだったら，じゃあ，次に行こうか」ということになるでしょう．まずは,「このときの雨に，こうポンプ運転していたら」というシミュレーションを，チュートリアル的にモデル利用をすればいいわけです．そうすると,「こうなっていたはずだ」とか,「この操作をしていなかったから水位がここまで上がったけれども，こう判断したからここまで水位は下がった」という，リアルタイムコントロールの模擬実験をする．このようなことを通じて，次のステップに行けるのではと思います．そのような模擬実験ができるレベルまでモデル検証をすることが，一番大きな課題だと思います.

　2番目の課題は,「そのような人材を十分な数だけ育成できるのか」ということです．それは，ここにご出席の関連企業の方々が頑張られることでしょうから大丈夫でしょう．人材育成を戦略的にやればいいわけです．それを企業だけでやろうと思うとだめで，やはり現場の自治体と組まないといけません．大学と組んでもいいだろうけれども，現場実践となると大学の先生だけでは役に立たないことが多いです．やはり，現場の人と企業，大学が，うまく組んで，研究会を立ち上げるぐらいのことをやれば，人材は上手に育つのではないかと．やはり，将来性のある魅力的なことには人が集まるわけで，それが社会貢献になるような見せ方は，あってもいいのではないかと思います．これが，質問に対する答えです.

Q　モデルと実測データはそこそこのレベルとして，降雨情報は X バンド MP レーダなどでも精度は上がっていますということでしたが，市街地の地表面の状態は，経年的に変化すると思うのです．

　正しい入力条件と前提条件と降雨条件であれば，モデルは合っていると思うのですけれども，例えば，更地が住宅地になった，道路ができたなど，そのような地表面の変化を更新していかないと，10 年前の地表面データで計算しているとモデルは使えないところもあるので，そのあたりはどのように考えられておられますか？

A　「土地利用や地表面の流出特性が変わるような情報を，いかに更新していくか」ということについては，都市計画情報，住宅地図，数値地図などいろいろな更新される情報を使う方法があると思います．それに，日本は宇宙インフラに多くの投資をしているのだから，地表面の情報は衛星画像として入手しています．その画像情報を使って，地表面の情報の更新をするのが，手っ取り早いのではないかと思っています．

　実際，国土地理院の細密数値情報（10 m メッシュ土地利用）は，衛星画像情報をもとに分析していると思います．都市域の細かいことは，そのようなものを最大限利用したらいいと．ランドサットは 30 m の解像度でしたが，1 m，2.5 m の解像度の IKONOS 画像や ALOS 画像があると思うので，そのようなものを利用して更新したらよいということが，個人的なアイデアです．

　私自身も，だいぶ前ですが，IKONOS 画像を使って，道路沿いの植樹帯を抽出する研究をしました．都市計画図で道路と定義されていると通常は不浸透面と見なします．しかし，地図上の道路内にある植樹帯を抽出できれば，そこは浸透面として扱えばいいわけです．学会で成果発表しているので，ぜひ読んでいただければと思います．

　あとは，他分野で利用されている情報もあるかもしれません．市街地では，ガス事業，電気事業，交通事業がありますので，その分野で保有している情報で有用なものがあるならば，共有できる地表面のデータベースを作るということも面白いかと思います．

Q　過去の水害，福岡や，局地的には東京都の例があるのですけれども，この過去の水害をモデルで再現するということは可能なのでしょうか？

A　「過去の水害の事例を，モデルの検証用に使うか」という問いに対しては，その水害に関して分布型モデルの検証に堪えるデータがあるのだったら行えます．しかし，過去において詳細な浸水被害の時空間データが少なく，床上浸水，床下浸水の家屋数というレベルでしょう．やはり，分布型モデルでは時空間分布を考慮してダイナミックな計算をしているのだから，それに見合ったレベルのモニタリングデータで検証しないといけません．それをもってして，「過去の浸水状況をモデル計算して，最低限この程度は合っていますね」という評価を行うべきかと思います．

　分布型の流出解析モデルの解像度に相当するレベルのモニタリングデータを取ることが求められています．だから，浸水被害がない降雨における管渠内水位のモニタリングデータでもいいのです．別に被害が起きたデータだけを取る必要はないと，私は思っています．様々な豪雨における管渠内水位の時空間分布のデータを取ることはとても大事だと考えています．被害が出たときにだけ浸水深のデータを取得する従来型から脱皮して，下水道システム内の水位観測を体系的に実施することが必要だと思います．

あとがき

本書は 2015 年 4 月から 7 月にかけて開催した「グレーター東大塾・持続可能な社会のための水システムイノベーション」の連続講義をもとに，各講演者が加筆して作成したものです．グレーター東大塾とは，東京大学卒業生室が主催して社会人向けにテーマを決めて 10 回程度の連続講義を行うもので，2010 年から毎年 2 シリーズのペースで開講されています．

「水」を主題にという話がある，と塾長となる古米教授から相談をいただいて，構想や講師陣など，いろいろと相談を重ねました．以後，古米塾長の指導力のもと，副塾長として側面支援の立場でなんとか並走してくることができました．

世界に目を向ければ，「水」は大きな問題として取り上げられています．国連開発目標として 2000 年に Millennium Development Goals が，2015 年には Sustainable Development Goals が採択されていますが，それらの中で「水」は重要なキーワードです．また，地球温暖化に伴う気候変動ゆえに，地域によっては水不足に対する懸念も広がっています．日本は山紫水明の国であり，優れた水利用の伝統もあり，実際，政府開発援助（ODA）では，日本の水の支援は国際的にも高い評価を受けています．

水にかかわる研究者は多いのですが，科学的な話とともに，社会の中の水を取り上げることにしました．その中で，水にかかわる日本の課題，世界の課題を考え，一方で 10 回の講義に収めなければならないということを鑑み，「持続可能な社会のための水システムイノベーション」という題をつけ，「水」にかかわる最先端の知識を講義するシリーズにしようということにしました．水の利活用を軸としつつも広がりのある話題を提供すべく，講師陣にお声がけをしたところ，皆さまに快くお引き受けいただけたのは非常にありがたいことでした．

午後 7 時から 9 時半まで，講義は前半と後半に分け，質問や討論の時間をそれぞれに設けました．古米塾長と交代で司会を務めましたが，先生方にもた

くさんお話しいただき，また塾生からの質問や議論など，いつも時間が足りない状況であっという間に終わってしまうような印象でした．そこでその後もゆっくり議論できるよう，毎回というわけにはいきませんでしたが，希望する塾生と講師の方にワンコイン懇親会という場を設けさせていただきました．そのため，会場の赤門近くの講義室から，工学部 14 号館のほうまで歩いていただくのですが，あいにくの雨の日が多かったように記憶しています．それでも多くの方にご参加いただき，非常に有意義なひと時が過ごせたと思います．今となっては，こちらのワンコイン懇親会の雰囲気のほうがより強く記憶に残っています．

　塾生としては，水にかかわる様々なセクターからご参加いただけました．水処理メーカー，コンサルタント，会計事務所に至るまで，幅広い領域の方々です．また，環境省，厚生労働省，国土交通省ならびに東京都からも，その日のトピックに合わせてオブザーバー参加をしていただき，非常に有意義な議論ができたと思います．その一端は，本書においても章末の Q&A として収録させていただいております．

　また，東大塾は終了した後も塾生の皆さんとの縁は続いていて，水道や下水道などの研究発表会等において塾生の方々にお会いする機会があったりして，私にとって貴重な横のつながりを得られる良い機会になりました．

　本講座の書籍化については，開講前に東京大学出版会の方から話をいただき，前向きに対応する方向で進めさせていただきました．結果としてはすべての先生から快諾をいただき，持続可能な社会を支える水の管理と水システムのあり方を議論するために必要な知識をバランスよく入れた形で出版できることになったのは非常に喜ばしいことです．

　最後に，東京大学卒業生室でグレーター東大塾の企画・運営を担っていただいた岡崎洋士，綿貫敏行の両氏，東京大学出版会の阿部俊一氏，またワンコイン懇親会の準備をしてくれた中川美和子さんに厚く感謝申し上げます．

2016 年 12 月 12 日

片山浩之

編者紹介

古米弘明（ふるまい　ひろあき）

1979 年東京大学工学部都市工学科卒業．84 年東京大学大学院工学系研究科都市工学専攻博士課程修了．84 年東北大学工学部助手．86 年九州大学工学部助手．88 年九州大学工学部助教授．91 年茨城大学工学部助教授．97 年東京大学大学院工学系研究科助教授．98 年同大教授．

著書に『ケイ酸——その由来と行方』（共著，技報堂出版，2012）．『森林の窒素飽和と流域管理』（共著，技報堂出版，2012）などがある．

片山浩之（かたやま　ひろゆき）

1993 年 3 月 東京大学工学部都市工学科環境・衛生工学コース卒業．93 年 東京大学大学院工学系研究科都市工学専攻博士課程修了．98 年東京大学大学院工学系研究科助手．2002 年 8 月東京大学大学院新領域創成科学研究科講師．2004 年東京大学大学院工学系研究科講師．2007 年東京大学大学院工学系研究科准教授．

東大塾　水システム講義
持続可能な水利用に向けて

2017 年 1 月 20 日　初　版

［検印廃止］

編　者　古米弘明・片山浩之

発行所　一般財団法人　東京大学出版会

代表者　古田元夫

153-0041 東京都目黒区駒場 4-5-29
http://www.utp.or.jp/
電話　03-6407-1069　Fax 03-6407-1991
振替　00160-6-59964

印刷所　株式会社理想社
製本所　牧製本印刷株式会社

© 2017 Hiroaki FURUMAI and Hiroyuki KATAYAMA, *et al*.
ISBN 978-4-13-063361-1　Printed in Japan

JCOPY 〈(社)出版者著作権管理機構　委託出版物〉
本書の無断複写は著作権法上での例外を除き禁じられています．複写され
る場合は，そのつど事前に，(社)出版者著作権管理機構（電話 03-3513-6969,
FAX 03-3513-6979, e-mail: info@jcopy.or.jp）の許諾を得てください．

高橋 裕著	[新版] 河 川 工 学	菊 判	3800円
玉井 信行編	河 川 計 画 論 潜 在 自 然 概 念 の 展 開	A 5 判	6000円
登坂 博行著	地 圏 の 水 環 境 科 学	A 5 判	4800円
登坂 博行著	地 圏 水 循 環 の 数 理 流 域 水 環 境 の 解 析 法	A 5 判	5200円
島田 正志著	水 理 学 流 れ 学 の 基 礎 と 応 用	A 5 判	4200円
大熊 孝著	利 根 川 治 水 の 変 遷 と 水 害	A 5 判	8200円

ここに表示された価格は本体価格です．御購入の
際には消費税が加算されますので御了承ください．